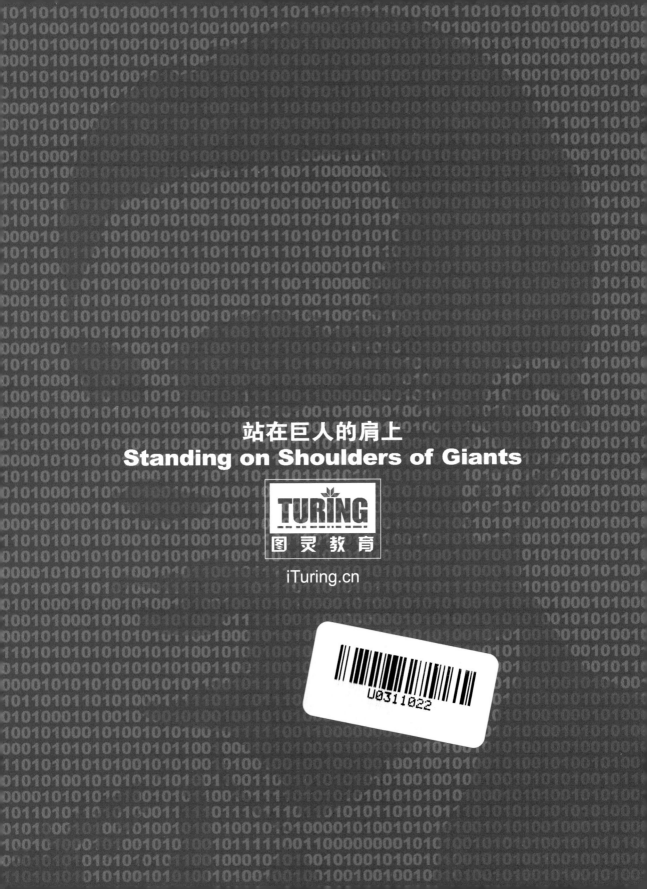

图灵程序设计丛书

Cocos2d-x 3 移动游戏编程

【韩】印孜健 著　武传海 译

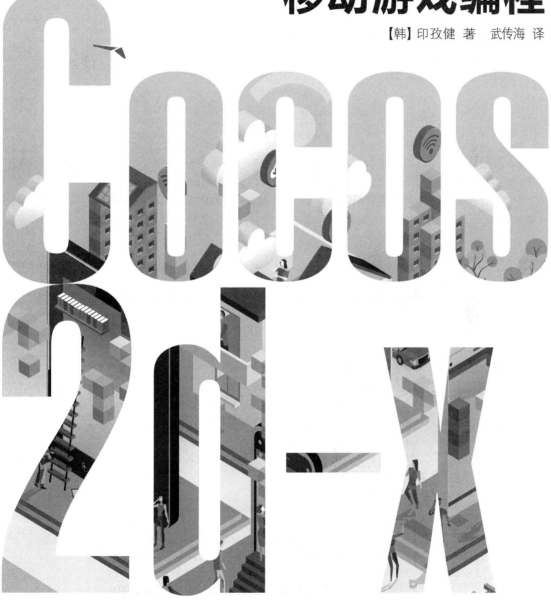

人民邮电出版社
北京

图书在版编目（CIP）数据

Cocos2d-x 3移动游戏编程 /（韩）印孜健著；武传海译. -- 北京：人民邮电出版社，2015.3
（图灵程序设计丛书）
ISBN 978-7-115-38436-2

Ⅰ. ①C… Ⅱ. ①印… ②武… Ⅲ. ①移动电话机－游戏程序－程序设计 Ⅳ. ①TN929.53

中国版本图书馆CIP数据核字(2015)第017787号

内 容 提 要

本书详细介绍了Cocos2d-x提供的各种功能，系统讲解了游戏开发的基础知识，通过卡牌游戏、横版游戏、射击游戏等经典实例帮助读者实际制作游戏项目，切身体验移动游戏开发技巧。

本书适合利用Cocos2d-x制作移动游戏的入门级开发人员，也对关注移动游戏的设计人员和策划人员有很大帮助。

◆ 著　　　[韩] 印孜健
　　译　　　武传海
　　责任编辑　傅志红
　　执行编辑　陈　曦
　　责任印制　杨林杰

◆ 人民邮电出版社出版发行　北京市丰台区成寿寺路11号
　邮编　100164　电子邮件　315@ptpress.com.cn
　网址　http://www.ptpress.com.cn
　三河市海波印务有限公司印刷

◆ 开本：800×1000　1/16
　印张：22
　字数：520千字　　　　　　　　2015年3月第1版
　印数：1-3 500册　　　　　　　2015年3月河北第1次印刷
　著作权合同登记号　图字：01-2014-5450号

定价：69.00元
读者服务热线：(010)51095186转600　印装质量热线：(010)81055316
反盗版热线：(010)81055315
广告经营许可证：京崇工商广字第0021号

版权声明

Cocos2d-x 3 모바일 게임 프로그래밍（*Cocos2d-x 3 Mobile Game Programming*）
Copyright 2014 © By acorn publishing Co.
ALL rights reserved
Simplified Chinese copyright©2015 by POSTS & TELECOM PRESS
Simplified Chinese language edition arranged with acorn publishing Co.
through Eric Yang Agency Inc.

本书中文简体字版由 acorn 授权人民邮电出版社独家出版。未经出版者书面许可，不得以任何方式复制或抄袭本书内容。
版权所有，侵权必究。

推 荐 语

Cocos2d-x 开源项目诞生于 2010 年 7 月，它针对智能手机游戏开发，旨在提升开发效率，节省开发成本。过去 4 年间，移动游戏行业迅速成长，Cocos2d-x 有幸从技术层面支持了其中众多年轻的开发人员。使用 Cocos2d-x 开发的游戏不计其数，不仅有著名的《泽诺尼亚传奇 5》与《泽诺尼亚传奇 Online》系列、《翻滚吧！骰子》《饼干跑酷》等具有代表性的休闲类游戏，也有《2048》《天降钞票》(*Make it Rain：The Love of Money*) 等由小型团队开发的热门游戏。由此观之，游戏行业仍然充满无数可能与机会。

由于尚未推出正式的韩语文档，很多韩国朋友在学习 Cocos2d-x 引擎的过程中总抱怨文档不足，缺少相应参考图书。对此，我感到非常抱歉。Cocos2d-x 以许多拥有有限资源的开源社区为依托，正在不断将规模扩展至全球，这一过程中需要优先考虑新功能的开发及英文文档的编写。而且我们人力有限，把文档翻成外语的工作还有很长的路要走。

此时恰逢印孜健先生写成并出版本书，这是第一本介绍 Cocos2d-x 3.0 的韩语图书，在此向他表示诚挚的谢意。Cocos2d-x 社区中，印孜健先生是首屈一指的游戏开发高手，他曾在 Gamevil、Come2us 这样的大游戏公司工作，带领团队使用 Cocos2d-x 成功主持开发了许多游戏。本书是他的集大成之作，是他多年游戏开发经验的结晶。对于这种大公无私的分享精神，我再次表示感谢。

今后，Cocos2d-x 将集中力量制作场景编辑器等游戏编辑开发工具，新的 3D 功能也将很快发布。希望 Cocos2d-x 能为各位开发人员开启通往自由世界的大门，同时，也真心希望我们付出的汗水与努力能够帮助每位读者实现心中的梦想。

王哲（触控科技副总裁、Cocos2d-x 创始人）

推 荐 语

韩国移动游戏市场一直备受世界关注，不断涌现新的趋势，展现了日新月异的发展势头。与其他国家相比，韩国的游戏市场竞争更激烈，也更有活力。

韩国国内人气比较高的 3D 游戏开发环境为 Unity 3D、Unreal 等 3D 游戏引擎，一直备受青睐。而 2D 游戏开发环境中，Cocos2d-x 几乎成了唯一的选择。与 PC 不同，2D 游戏在移动平台上占有相当大的比重，人们迫切希望学习 Cocos2d-x 相关知识。然而与这种需求相比，市面上介绍 Cocos2d-x 的好书又太少了。所幸的是，近年来，围绕 Cocos2d-x 介绍的图书在国内外陆续出版，本书即是其中之一，相信它会成为那些刚刚进入移动游戏开发领域的开发人员的"领路人"。

印孜健先生在韩国优秀的移动游戏开发公司从事游戏开发十多年，一直活跃在游戏开发最前线。因此，本书比其他图书更实用，对 Cocos2d-x 的讲解也更透彻。

俗话说："玉不琢，不成器。"无论内容多么实用、多么好，若没有轻松易懂的讲解方式，也就毫无用处。作者一直坚持从繁忙的游戏开发工作中挤出宝贵时间，为更多人讲授 Cocos2d-x 等游戏开发课程。本书是其在多年游戏开发授课经验基础上对课程资料的整理，因此，各位阅读本书时就像在课堂现场聆听作者讲解一样，能够轻松理解要学的内容。

虽然韩国移动游戏开发市场竞争相当激烈，但对于具备才能又充满激情的开发人员而言，这个领域依然充满诱惑，它能产生其他行业无法比拟的巨大回报。可以预见，不久的将来，韩国的移动游戏开发产业将走出国门，占据全球游戏市场。希望本书能够成为大家的领路人，帮助各位迈出巨大挑战的第一步。

朴基成（韩国 Gamevil 公司 PD、3RGames 公司 CEO）

作 者 序

我第一次接触移动游戏开发是在 2002 年，那时，韩国移动游戏开发也才刚开始。人们用的全是非智能手机，开发游戏相对要简单一些。现在智能手机普及，功能众多，对游戏开发几乎没有什么限制，移动游戏也随之进化为高容量、高配置的游戏。但是从开发人员角度看，游戏编写的复杂度变高，如果开发游戏时不使用游戏引擎而只用本地语言，那么整个开发过程将变得十分艰难。

此过程中，我接触到了 Cocos2d-x 多平台游戏引擎。使用 Cocos2d-x 开发的游戏可以同时在 Android 与 iOS 平台上运行，并且支持使用 C++语言开发，这相当具有吸引力。特别是对专门开发 2D 游戏的我来说，Cocos2d-x 是相当棒的游戏引擎。

我在 2011 年首次接触 Cocos2d-x，那时没有相关参考图书，有关的韩文资料更是难以寻觅。从那时起我就暗下决心，打算结合多年移动游戏开发经验亲自写本相关参考书。但是，写书并不像想的那样简单，何况还要上班，所以写书就变得愈加困难。从我决定动笔到正式出版，历经了两年半的艰难岁月，现在这本书终于与各位见面了。

首先对 acorn 出版社的金熙贞副社长及相关人士表示感谢，正是你们始终如一地帮助我，才最终促成本书出版。其次要感谢 Gamevil 的朴基成社长，谢谢您在百忙之中抽出时间审阅本书，也感谢您在十多年前带领我进入移动游戏开发领域。还要感谢 Cocos2d-x 创始人、触控科技副总裁王哲先生，感谢他对我写作的不断监督和鼓励，还随时告诉我 Cocos2d-x 的最新消息。此外，感谢西江大学游戏教育院软件开发专业的学生们，谢谢你们展现的灵感及热情。

最后，感谢妻子美英和女儿书贤、书璘。两年写作期间，我每个周末都没能带你们好好出去玩，谢谢你们的理解、关心与照顾。没有你们的支持就没有这本书，我爱你们！

印孜健

前　　言

全球移动游戏市场大致分为 Android 与 iOS 两大平台。仅从市场占有率看，Android 远高于 iOS，特别是在韩国，Android 的市场占有率超过 80%。但 iOS 拥有忠实的用户群，而且考虑到欧洲与北美市场的话，iOS 也是绝对无法放弃的开发平台。

仅仅几年前，人们还需要使用不同的开发语言分别开发 Android 与 iOS 平台上的游戏，但是，近来随着 Cocos2d-x、Unity 等多平台游戏引擎的陆续出现，开发人员可以更轻松地开发游戏。

Cocos2d-x 游戏引擎使用最常用的 C++语言开发，并且采用库添加的方式，使开发人员可以轻松工作而不必担心内存超载。此外，Cocos2d-x 提供的所有功能都是开源的，使用起来更加灵活方便。

本书不仅讲解 Cocos2d-x 的基本功能，还介绍移动游戏开发所需的多种知识。

本书特征

- 系统讲解游戏开发基础知识
- 三个游戏制作实例简单易学

本书主要内容

- "精灵"、标签、菜单、动作等 Cocos2d-x 基本功能
- 画面与层的组成与切换方法
- 触摸事件实现及对象间碰撞检测的方法
- 动画与背景滚动的实现方法
- 应用音频、粒子效果的方法
- 滚动视图、编辑框等 GUI 的构成方法
- 网络通信功能
- 卡牌游戏、横版游戏、射击游戏制作实例

本书面向读者

了解 C 语言或有编程经验的读者将很容易理解本书内容，但即使你不太懂 C 语言，只要跟着实例亲自动手操作，也就能很快理解书中内容。我要向以下读者推荐本书。

- 使用 Cocos2d-x 开发移动游戏的初学者
- 希望编写跨 Android 与 iOS 两大平台游戏的开发人员
- 想将原 Cocos2d-x 游戏升级为 Cocos2d-x 3.0 的开发人员[①]
- 无编程知识但对移动游戏开发感兴趣的策划人员和设计师
- 想熟悉移动游戏开发过程并积累实战经验的朋友

本书结构

第 1 章 简介：介绍 Cocos2d-x 的历史、使用现状及特征，并通过与 Unity 游戏引擎比较，分析各自优缺点。还要学习如何构建 Cocos2d-x 开发环境并创建新项目。

第 2 章 基本功能：学习 Cocos2d-x 的基本功能。先介绍 Cocos2d-x 中使用的坐标系、锚点（Anchor Point），然后介绍制作游戏时如何向画面输出图像和文本，以及菜单按钮的创建方法。最后，详细分析 Hello World 项目源代码，它是 Cocos2d-x 的基本项目。

第 3 章 多种动作功能：Cocos2d-x 最大的优点在于提供多种动作功能，这也是制作游戏时最常用的功能。本章对基本动作与复合动作等各种内容进行了详细介绍。

第 4 章 游戏画面切换：游戏一般由多个画面（Scene）组成，而一个画面往往由多个层（Layer）组成。本章学习创建新画面与切换画面的方法，以及向一个画面添加新层的方法。还将讲解 Cocos2d-x 为画面切换提供的各种效果。

第 5 章 触摸事件与碰撞检测：与 PC 游戏不同，用户玩移动游戏时使用的不是鼠标与键盘，而是触摸屏。并且，游戏通常都要使用用户在触摸屏上的触摸位置。本章学习触摸事件相关内容，包括触摸事件分类、触摸事件的使用方法。还将学习触摸与否及对象间碰撞与否的检测方法。

第 6 章 游戏制作实战 1：卡牌游戏：本章综合运用前面所学知识制作简单的卡牌游戏。玩游戏时，卡牌会随机翻开再合上，玩家要记住卡牌翻开的顺序，然后根据记忆顺序依次选择卡牌。制作游戏时会应用前面学过的所有知识，但游戏的大部分内容是通过动作功能实现的。

第 7 章 动画与定时器：本章学习 Animation 与 Animate 类，还要学习实现动画时使用的 SpriteFrame 类。前面已经学过触摸事件相关内容，只有指定事件发生时才调用相应方法执

[①] 3.3 版本将 Windows 下的子项目都合并为一个 libcocos2d 项目，只保留了 box2d 和 spine，本书中提到的引用 libextension、libnetwork 这些子工程均已省略。——编者注

行某个动作。但游戏制作中还需要定时进行逻辑判断，比如碰撞检测等。为此引入"定时器"概念，Cocos2d-x 提供 `schedule` 定时器类实现定时机制。

第 8 章 背景图像滚动：本章学习背景图像的滚动方法，包括一张图像组成的背景和多张图像组成的背景。还要学习 `ParallaxNode` 类，使用它可以轻松实现背景滚动。

第 9 章 游戏制作实战 2：横版游戏：本章将综合运用第 7 章和第 8 章的动画与背景滚动知识制作横版游戏。横版游戏是水平滚动游戏，本章只实现其主体部分而不实现菜单。

第 10 章 游戏数据管理：本章学习有效管理游戏数据的方法。先通过简单的示例学习向量，使用它能够对多个数据进行有效管理。然后学习 Cocos2d-x 中提供的 `UserDefault`，其可用于保存简单数据。

第 11 章 多种效果：本章学习 Cocos2d-x 提供的粒子系统（ParticleSystem）及声音输出方法。粒子系统通过粒子的小图像表现多种 3D 动画效果。Cocos2d-x 引擎内置了多种粒子效果，也可以使用外部工具创建的粒子效果。还要介绍 Simple Audio Engine 相关内容，学习如何在游戏中播放背景音乐与音效等。

第 12 章 游戏制作实战 3：射击游戏：本章综合运用第 10 章和第 11 章的数据管理、粒子效果相关知识制作射击游戏。与第 9 章的横版游戏一样，也仅实现其主体部分而不实现菜单。

第 13 章 GUI 结构：Cocos2d-x 提供滚动视图类（ScrollView）、九宫格"精灵"类（Scale9Sprite）、编辑框类（EditBox），游戏设计中经常用于构建 GUI（图形用户界面），本章将介绍相关内容。

第 14 章 网络实现：本章学习 HTTP 协议通信 `HttpClient` 类的使用方法、通过 JSON 与服务器通信的方法、游戏中网络图片的使用方法、保存并使用网络文件的方法。

第 15 章 Android 移植与画面大小调整：本章学习将前面的代码移植为安卓项目的方法，以及多种设备画面大小的应对方法。

第 16 章 发布：韩国国内市场指导规则相对比较健全，由于均为 Android 市场，所以只要学会向 Google Play Store 发布游戏的方法，也就能学会如何向其他 Android 市场发布。本章只学习 Play Store 与 AppStore 的游戏发布方法。

示例文件

本书所有内容均在 Windows 环境下编写而成，同时包含 Mac 环境中的使用说明。所有示例与讲解都以 Cocos2d-x v3.0 final 版本为基准，虽然 Cocos2d-x 暂时不会有太大改变，但后续版本会不断更新，欢迎访问我的 Naver 博客（http://cafe.naver.com/cocos2dxdev）或 Facebook 群（https://www.facebook.com/groups/ cocos2dxdev）查看最新内容。

书中示例源码可从 Acorn 出版社主页（http://www.acornpub.co.kr/book/cocos2d-x3）或我的个人博客（http://injakaun.blog.me）下载。示例文件不仅包含示例源代码，还包括示例中使用的资源文件，但并非所有示例文件均包含 Cocos2d-x 库文件与项目文件。需要运行时请先创建基本项目，然后复制到相应文件夹运行即可。详细说明请参考正文相关内容。

阅读本书过程中若有疑问或建议，请发邮件或在我的博客、Facebook 页面留言，我将给予解答。

电子邮箱：injakaun@gamail.com

博客：http://injakaun.blog.me

Naver 博客：http://cafe.naver.com/cocos2dxdev

Facebook 群：https://www.facebook.com/groups/cocos2dxdev

目 录

第1章 简介 ··· 1
 1.1 介绍 ··· 2
  1.1.1 历史 ···································· 2
  1.1.2 使用现状 ······························ 2
  1.1.3 特征 ···································· 4
  1.1.4 与 Unity 引擎之比较 ············· 5
 1.2 构建开发环境 ······························· 7
 1.3 创建新项目 ·································· 8
  1.3.1 安装 Python ··························· 9
  1.3.2 执行脚本文件创建项目 ······· 11
  1.3.3 运行项目 ··························· 12
 1.4 创建基本项目 ······························ 16
  1.4.1 修改画面大小 ···················· 18
  1.4.2 删除日志 ··························· 19
  1.4.3 删除资源 ··························· 19
 1.5 小结 ··· 19

第2章 基本功能 ································· 20
 2.1 坐标系与锚点 ······························ 21
  2.1.1 坐标系 ······························· 21
  2.1.2 锚点 ·································· 22
 2.2 输出图像 ··································· 24
  2.2.1 使用"精灵" ························ 24
  2.2.2 Cocos2d-x 的基本数据类型 ··· 30
  2.2.3 Cocos2d-x 的基本方法 ········· 31
  2.2.4 使用"精灵"组成画面 ········· 32
 2.3 输出文本 ··································· 35
  2.3.1 SystemFont ························· 35
  2.3.2 TTF ·································· 39
  2.3.3 BMFont ····························· 40
  2.3.4 CharMap ···························· 42
  2.3.5 其他方法 ··························· 43
  2.3.6 使用多种标签 ···················· 46
 2.4 创建菜单按钮 ······························ 47
  2.4.1 菜单项 ······························· 48
  2.4.2 设置菜单位置 ···················· 56
 2.5 Hello World ·································· 56
  2.5.1 菜单 ·································· 57
  2.5.2 标签 ·································· 58
  2.5.3 "精灵" ······························ 58
 2.6 小结 ··· 58

第3章 多种动作功能 ···························· 59
 3.1 动作功能 ··································· 60
  3.1.1 不使用动作功能移动图像 ··· 60
  3.1.2 使用动作功能移动图像 ······· 60
  3.1.3 By 与 To 的区别 ················· 61
 3.2 基本动作 ··································· 61
  3.2.1 位置 ·································· 62
  3.2.2 缩放 ·································· 66
  3.2.3 旋转 ·································· 67
  3.2.4 画面显示 ··························· 68
  3.2.5 透明度 ······························· 71
  3.2.6 颜色 ·································· 74
 3.3 复合动作 ··································· 75
  3.3.1 序列动作 ··························· 75
  3.3.2 并列动作 ··························· 76
  3.3.3 逆动作 ······························· 77
  3.3.4 延时动作 ··························· 78
  3.3.5 重复、无限重复动作 ········· 79
  3.3.6 变速动作 ··························· 80
  3.3.7 CallFunction 动作 ··············· 88
 3.4 小结 ··· 94

目 录

第 4 章　游戏画面切换 95
- 4.1　创建新画面 96
- 4.2　画面切换 98
  - 4.2.1　replaceScene 98
  - 4.2.2　pushScene、popScene 101
- 4.3　设置画面切换效果 103
  - 4.3.1　画面切换效果类型 103
  - 4.3.2　应用画面切换效果 105
- 4.4　添加新层 105
- 4.5　小结 107

第 5 章　触摸事件与碰撞检测 108
- 5.1　触摸事件 109
  - 5.1.1　单点触摸事件 109
  - 5.1.2　多点触摸事件 112
  - 5.1.3　在 iOS 中设置多点触摸 115
- 5.2　实现碰撞检测 116
  - 5.2.1　containsPoint 116
  - 5.2.2　intersectsRect 117
- 5.3　应用触摸事件与碰撞检测 117
- 5.4　小结 120

第 6 章　游戏制作实战 1：卡牌游戏 121
- 6.1　游戏结构 122
  - 6.1.1　菜单画面 122
  - 6.1.2　游戏画面 123
  - 6.1.3　添加资源 123
- 6.2　实现竖版画面 124
- 6.3　实现菜单画面 125
- 6.4　实现游戏画面 130
  - 6.4.1　初始化游戏数据 131
  - 6.4.2　游戏画面构成 133
  - 6.4.3　开始游戏 138
  - 6.4.4　显示扑克牌 141
  - 6.4.5　触摸事件 142
  - 6.4.6　选择扑克牌 144
  - 6.4.7　游戏结束 146
  - 6.4.8　游戏结束显示菜单 149
- 6.5　小结 151

第 7 章　动画与定时器 152
- 7.1　瓦片图 153
  - 7.1.1　制作瓦片图 153
  - 7.1.2　使用瓦片图 154
- 7.2　动画 156
  - 7.2.1　使用图像文件实现动画 156
  - 7.2.2　使用 Sprite Frame 实现动画 159
- 7.3　使用定时器 160
- 7.4　小结 164

第 8 章　背景图像滚动 165
- 8.1　单一图像背景滚动 166
- 8.2　多重图像背景滚动实现 169
- 8.3　使用 ParallaxNode 类实现背景滚动 170
- 8.4　使用瓦片图实现背景滚动 172
- 8.5　小结 174

第 9 章　游戏制作实战 2：横版游戏 175
- 9.1　游戏结构 176
- 9.2　实现背景滚动 176
- 9.3　实现角色动画 178
- 9.4　通过触摸事件实现角色跳跃 181
- 9.5　障碍物的生成与移动 185
- 9.6　障碍物与角色人物的碰撞检测 187
- 9.7　小结 190

第 10 章　游戏数据管理 191
- 10.1　"消除笑脸"游戏 192
- 10.2　管理多个数据 195
- 10.3　使用 UserDefault 保存数据 200
  - 10.3.1　将数据保存到 UserDefault 200
  - 10.3.2　从 UserDefault 读取数据 201
- 10.4　显示最高分 201
- 10.5　小结 204

第 11 章　多种效果 205
- 11.1　粒子系统 206
  - 11.1.1　内置粒子效果 206
  - 11.1.2　创建粒子效果 207
- 11.2　音频输出 211
  - 11.2.1　播放背景音乐 211

11.2.2 背景音乐相关方法·············212
11.2.3 播放音效·····················212
11.2.4 音效相关方法·················213
11.2.5 其他音频相关方法·············213
11.3 小结·································214

第12章 游戏制作实战3：射击游戏·····215
12.1 游戏结构·····························216
12.1.1 更改类名·····················216
12.1.2 添加资源·····················217
12.1.3 更改方向·····················217
12.2 背景结构及实现滚动·················217
12.3 创建玩家飞机·························219
12.4 使用触摸事件控制玩家飞机·········222
12.5 随机生成"能量球"···················225
12.6 导弹增强·····························227
12.7 创建敌机·····························236
12.8 导弹与敌机的碰撞检测···············239
12.9 向敌机添加爆炸效果·················243
12.10 制作Boss机·························245
12.11 记录分数·····························248
12.12 小结·································255

第13章 GUI结构·····························256
13.1 滚动视图·····························257
13.1.1 实现滚动视图·················257
13.1.2 设置滚动视图·················262
13.2 九宫格"精灵"·························263
13.3 编辑框·······························267
13.3.1 编辑框设置·················268
13.3.2 委托·······················271
13.4 小结·································273

第14章 网络实现·····························274
14.1 使用HttpClient类·················275

14.2 使用JSON通信·····················278
14.3 显示网络图片·····················282
14.4 保存网络文件·····················284
14.5 小结·································286

第15章 Android移植与画面大小
调整·································287
15.1 搭建Android移植环境···············288
15.1.1 搭建Android开发环境·······288
15.1.2 安装NDK···················293
15.1.3 安装ANT···················293
15.1.4 设置Cocos2d-x环境·········294
15.2 Android编译·························295
15.3 Android编译设置·····················297
15.4 运行Android项目·····················299
15.5 在Eclipse中运行·····················301
15.6 应对多种画面大小·····················303
15.7 小结·································305

第16章 发布·································306
16.1 发布到Google Play Store···········307
16.1.1 创建Google ID···············307
16.1.2 注册Play Store开发者
账号·······················307
16.1.3 导出应用程序包·············308
16.1.4 发布到Play Store···········311
16.2 发布到AppStore·····················314
16.2.1 注册开发者程序·············314
16.2.2 创建证书与Provisioning
Profiles···················318
16.2.3 提交应用·················324
16.2.4 上传应用发布包·············330
16.3 小结·································336

索　引·······································337

第 1 章

简 介

本章将介绍 Cocos2d-x 的历史、使用现状及特征，并通过与 Unity 游戏引擎比较，分析各自优缺点。还要学习构建 Cocos2d-x 开发环境并创建新项目的方法。

| 本章主要内容 |

- Cocos2d-x 的历史、使用现状及特征
- 与 Unity 引擎之比较
- 构建开发环境
- 创建新项目

1.1 介绍

本节介绍 Cocos2d-x 的历史、使用现状及特征。

1.1.1 历史

Cocos2d 原本是用 Python 语言编写的游戏框架。2008 年，Ricardo Quesada 将 Cocos2d 移植到 iOS 上，形成了 Cocos2d-iPhone 版本，它是 Cocos2d-x 的基础。2011 年初，Cocos2d-iPhone 开发小组被美国社交游戏公司 Zynga 收购后，Cocos2d-iPhone 版本的开发、发布、管理均由 Zynga 公司负责。

2010 年 7 月，中国厦门的 Team-X 小组以 Cocos2d-iPhone 为基础进行移植开发，制作了 Cocos2d-x 的首个版本。Cocos2d-x 目前由中国移动游戏开发公司触控科技负责开发、发布与管理。关于 Cocos2d-x 的更多内容，请访问 Cocos2d-x 的官方网站（http://cocos2d-x.org）。

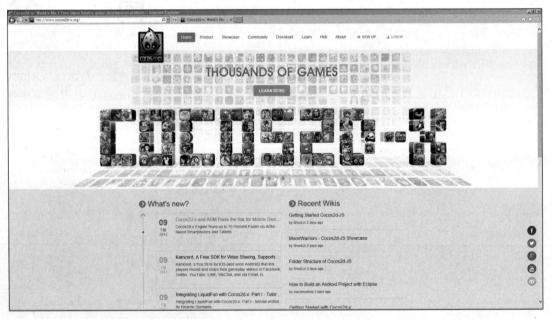

图 1-1　Cocos2d-x 官方网站主页

1.1.2 使用现状

许多公司现在都使用 Cocos2d-x 开发游戏（Zynga、Glu、GREE、DeNA、Konami、TinyCo、Gamevil、HandyGames、人人游戏、4399、HappyElements、SDO、Kingsoft），它们制作的游戏

在全世界的下载量突破了 5 亿次。特别是 2D 游戏，通常都用 Cocos2d-x 引擎开发。

2013 年 11 月 19 日，Cocos2d-x 研讨会在首尔举行。根据相关人士介绍，Cocos2d-x 在中国的占有率约为 70%，在全世界的占有率约为 30%。韩国国内多款上市游戏都采用 Cocos2d-x 开发，比如 Gamevil 推出的《龙之焰》(*Dragon Blaze*)、CJ E&M 的《翻滚吧！骰子》(*Modoo Marble*)、Devsisters 的《饼干跑酷》(*Cookie Run*)、Fever Studio 的《啾咪庄园》(*Every Town*) 等。

图 1-2　Gamevil 推出的《龙之焰》（出处：Google Play Store）

图 1-3　CJ E&M 的《翻滚吧！骰子》（出处：Google Play Store）

图 1-4　Devsisters 的《饼干跑酷》（出处：Google Play Store）

图 1-5　Fever Studio 的《啾咪庄园》（出处：Google Play Store）

1.1.3　特征

Cocos2d-x 官方网站列出其 8 大主要特征。

1. 多种开发语言与平台支持

Cocos2d-x 的最大优势是，开发人员可以使用 C++、Lua、JavaScript 语言开发 iOS、Android、Windows Phone、黑莓（Blackberry）、泰泽（Tizen）等多种平台上运行的游戏。此外，Cocos2d-JS 是 Cocos2d-x 的 JavaScript 版本，融合了 Cocos2d-HTML5 和 Cocos2d-x JSBinding，可以用于开发网页游戏或移动网页游戏。

2. 轻量快速

与其他游戏引擎相比，Cocos2d-x 游戏引擎所占内存更小，且在移动 2D 游戏引擎中运行速度最快。因此，Cocos2d-x 不仅用于游戏开发，还用于快速开发原型（Prototype）等。

3. 开源及免费开发

任何人都可以免费获取 Cocos2d-x 的所有源代码和文档，使用 Cocos2d-x 进行开发无需支付版权费。也就是说，开发人员可以免费使用以开发商业游戏。

4. 支持脚本语言

Cocos2d-x 支持脚本语言，开发人员可以使用 Lua、JavaScript 等脚本语言开发游戏。此外，使用 JavaScript 也可以轻松制作基于网页的游戏。

5. 支持开发编辑器

Cocos2d-x 提供对多种开发编辑器的支持，CocoStudio 是基于 Cocos2d-x 的免费游戏开发工具，同时支持 Windows 与 Mac。

6. 支持多种外部库与开发工具

Cocos2d-x 中，可以很方便地使用外部库与插件，也支持使用多种开发工具的输出文件。

7. 可靠性与稳定性

全球上市移动游戏中，约 30%的游戏采用 Cocos2d-x 开发，处于销售排行榜前端的许多游戏也是采用 Cocos2d-x 开发的。这有力地证明了 Cocos2d-x 引擎的可靠性和稳定性。

8. 多种交流活动

全球有众多游戏开发人员使用 Cocos2d-x 引擎，他们通过各种各样的交流活动相互交流学习，互相帮助，共同提高。

1.1.4　与Unity引擎之比较

目前，制作移动游戏时使用最多的游戏引擎有 Cocos2d-x 与 Unity 两种。二者比较结果如表 1-1 所示。

表1-1　Cocos2d-x与Unity之比较

	Cocos2d-x	Unity
开发语言	C++、JavaScript、Lua	C#、JavaScript、Boo
支持平台	iOS、Android等大部分移动平台及PC平台	除移动平台、PC平台外，还支持Xbox、PS平台
价格	免费	专业版约1500美元；iOS、Android插件专业版分别约1500美元
2D功能	支持	从4.3版开始支持"精灵"等部分功能
3D功能	部分支持	支持
GUI	支持大部分GUI功能	部分支持，大部分以付费插件形式提供
移动平台编译	略难	容易
编辑器支持	支持CocoStudio等	完全支持
易用性	较低，未充分理解开发语言将很难使用	较高，即使不理解开发语言也很容易使用

表 1-1 列出了 Cocos2d-x 与 Unity 两个游戏引擎的优缺点，进一步整理如下。

Cocos2d-x 的优点

Cocos2d-x 最大的优点是免费，且支持开发人员使用 C++语言开发。此外，还提供了制作 2D 游戏所需的大部分功能，是非常高效的游戏引擎。

Cocos2d-x 的缺点

用户若不理解开发语言将难以使用，比如游戏策划、美工等非开发人员就无法直接使用。此外，它对编辑器的支持也不完善，因此，大部分实现需要查看游戏源代码。编译到移动平台时，需要用户对移动平台的原生语言有一定了解。

Unity 的优点

Unity 拥有非常强大的编辑工具，用户即使对开发语言不甚了解也能轻松使用。因此，游戏策划、美工等人员也能在合作开发游戏过程中产生非常高的效率。此外，使用 Unity 开发的游戏也能非常容易地编译到多种游戏平台，相当方便。

Unity 的缺点

虽然 Unity 比其他游戏引擎的价格相对低廉，但是毕竟要收费，这会为某些开发人员带来一定负担。制作 2D 游戏时所需的很多功能 Unity 都没有提供，开发人员要使用这些功能就必须另外付费购买相应插件。

基于以上比较，制作 3D 移动游戏时选用 Unity 引擎最有效率，但制作 2D 游戏时究竟应该选用哪个游戏引擎，值得开发人员认真考虑。如果对 C++等开发语言非常了解，且是单人开发或小规模开发团队，采用 Cocos2d-x 游戏引擎会比较好；相反，若对开发语言理解程度较低，且进行团队开发，有游戏策划、美工等众多人员参与，采用 Unity 引擎会更有效率。但是，仅从 2D 游戏的容量与性能看，采用 Cocos2d-x 引擎会比 Unity 引擎更有效。

1.2 构建开发环境

要构建开发环境，首先要下载 Cocos2d-x 文件。在 Cocos2d-x 官方网站单击顶部菜单栏中的 Download 菜单项进入下载页面（http://cocos2d-x.org/download），下载 Cocos2d-x 的最新版本。[①]

下载Cocos2d-x

首先进入 Cocos2d-x 官方网站（http://cocos2d-x.org），在顶部菜单栏中单击 Download 菜单项进入下载页面。

如图 1-6 所示，下载页面中有 Cocos2d-x、Cocos2d-JS、CocoStudio 这 3 个下载内容，单击 Cocos2d-x 即可下载。

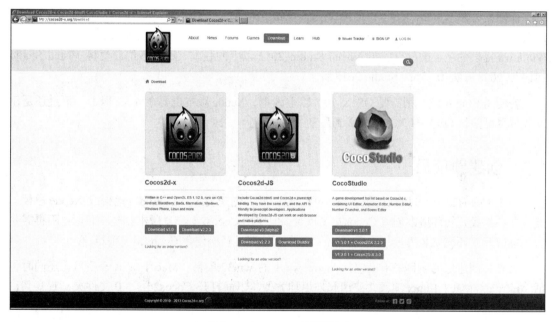

图 1-6　Cocos2d-x 下载页面

> **提示** Cocos2d-JS 是制作 Web 程序与游戏时使用的 Cocos2d 版本，CocoStudio 是触控科技引擎团队研发的基于 Cocos2d-x 的免费游戏开发工具集，包括 GUI 编辑器、动画编辑器、场景编辑器等。

[①] 本书基于 2014 年 4 月 25 日发布的 Cocos2d-x v3.0 final 版本讲解，同时适用 2014 年 7 月 18 日发布的 Cocos2d-x v3.2 版本。

Cocos2d-x 版本又细分为 2.x 版本与 3.x 版本。由于目前还有大量开发人员使用 Cocos2d-x 2.x 开发游戏，所以下载页面仍然保留其下载链接。我们只要下载 Cocos2d-x 3.0 版本即可。下载完成后，将压缩文件解压到指定位置。Cocos2d-x 无需另外安装，解压后即可运行。Windows 环境下，建议将解压位置指定为 C 盘或 D 盘根目录；Mac 环境下，建议将解压位置指定为"文档"（Documents）目录。

经过以上操作就完成了开发环境的构建，但是，由于 Cocos2d-x 并未向 C++开发人员单独提供集成开发环境（IDE）程序，所以开发时要灵活使用现有的集成开发环境。

> **提 示** 从 Cocos2d-x 3.0 final 版本开始，官方为使用 JavaScript、Lua 语言的开发人员提供了集成开发环境（IDE）。

开发人员在 Windows 下可以使用 Visual Studio，在 Mac 下使用 Xcode 即可。而且，Cocos2d-x 提供的项目文件本身就包含 Visual Studio 与 Xcode 项目文件。使用 Cocos2d-x 3.0 以上版本时，Windows 提供的项目文件仅支持 Visual Studio 2012 以上的版本，所以各位需要将 Visual Studio 2010 或 2008 升级为 Visual Studio 2012 版本。

若使用 Mac 系统，则需要 OS X 10.8 以上版本，Xcode 版本也要在 4.6.2 以上。不过还是建议各位尽可能将 OS X 与 Xcode 升级到最新版本。

1.3　创建新项目

使用 Cocos2d-x 3.0 以前的版本创建项目时，需要先安装 Visual Studio 模板或 Xcode 模板，然后在各集成开发环境中创建 Cocos2d-x 项目。但使用 Cocos2d-x 3.0 版本创建项目时，不再需要为各集成开发环境安装模板，执行 Python 脚本文件即可轻松创建 Cocos2d-x 项目。

另外，创建好的项目中不仅包括 Windows 下的 win32 项目、Mac 下的 iOS 项目，还同时包括 Android、Mac、Linux 项目，使用起来更加方便。下面打开 Cocos2d-x 3.0 文件夹，观察其目录结构。

如图 1-7 所示，Cocos2d-x 3.0 文件夹包含多种文件夹与文件。图 1-7 表示 Windows 下的 Cocos2d-x 3.0 目录结构，Mac 下也有相同目录结构。其中，大部分文件夹包含相关库的代码文件，创建项目时需要使用 cocos.py 文件，其路径如下所示。

cocos2d–x–3.0➤tools➤cocos2d–console➤bin➤cocos.py

图 1-7　Cocos2d-x 3.0 文件夹（Windows）

由其扩展名.py 可知，以上文件采用 Python 编写而成。由于 Mac 中已经默认安装了 Python，所以不需要另行安装。但在 Windows 下，各位需要单独安装 Python。

1.3.1　安装Python

1. 首先转到 Python 官方网站（http://www.python.org），在顶部菜单栏中单击 **Downloads** 菜单项进入下载页面，选择需要的版本即可。请注意，基于 Cocos2d-x 版本考虑，建议下载 Python 2.7.x 版本，而不是 Python 3.4.x 版本。安装文件下载完毕后双击进行安装，安装 Python 时没有需要特别注意的部分，根据安装提示逐步完成即可。安装时若未指定目录，则默认安装到 C:\Python27 文件夹。

图 1-8　下载 Python

2. Python 安装完成后，为了方便使用，继续添加环境变量。首先单击桌面左下角的**开始按钮**，在**控制面板**中单击**系统**，在左侧菜单列表中选择高级系统设置，打开系统属性对话框。

3. 如图 1-9 所示，在**系统属性**对话框中单击下方**环境变量**按钮，打开**环境变量**对话框。

图 1-9 系统属性对话框

4. 如图 1-10 所示，在**环境变量**对话框的**系统变量**中选择 Path 项，单击**编辑**按钮打开**系统变量编辑**对话框。

图 1-10 环境变量对话框

5. 如图 1-11 所示，向 **Path** 变量添加 **C:\Python27** 并重启 PC。

图 1-11　系统变量编辑对话框

经过以上操作后，运行 Python 时不再需要同时输入其路径，使用起来更加方便。

1.3.2　执行脚本文件创建项目

要创建项目，必须执行项目创建脚本文件 cocos.py。

1. Windows 中，单击桌面左下角**开始按钮**，依次选择**所有程序>附件>命令提示符**，打开命令提示符窗口。

   Mac 中，请依次选择**应用程序>实用工具>终端**并运行。

2. 然后在命令提示符或终端中转到 cocos.py 文件所在目录。

   cocos2d–x–3.0➤tools➤cocos2d–console➤bin

3. 转到 cocos.py 文件所在目录后，运行 cocos.py 即可。由于有配置文件，所以只需输入 cocos，执行时要同时输入 3 个参数选项。

   cocos new　<项目名称> –p <包名> –l <cpp:lua:javascript> –d <项目所在目录>

   - -p：输入包名。
   - -l：输入开发语言（C++、Lua、JavaScript）。
   - -d：设置项目所在目录。

4. 执行 cocos 时必须同时输入项目名称、包名、开发语言，才能正确创建 Cocos2d-x 项目。若不指定项目所在目录，则默认在 bin 目录的子目录中创建项目。

5. 输入以下命令及参数，创建名为"test"的 Cocos2d-x 项目。

   cocos new test –p com.injakaun.test –l cpp

如上所示，正确输入项目创建命令及选项后，命令提示符窗口中将显示项目成功创建的信息，如图 1-12 所示。Windows 下和 Mac 下创建的项目结构相同。

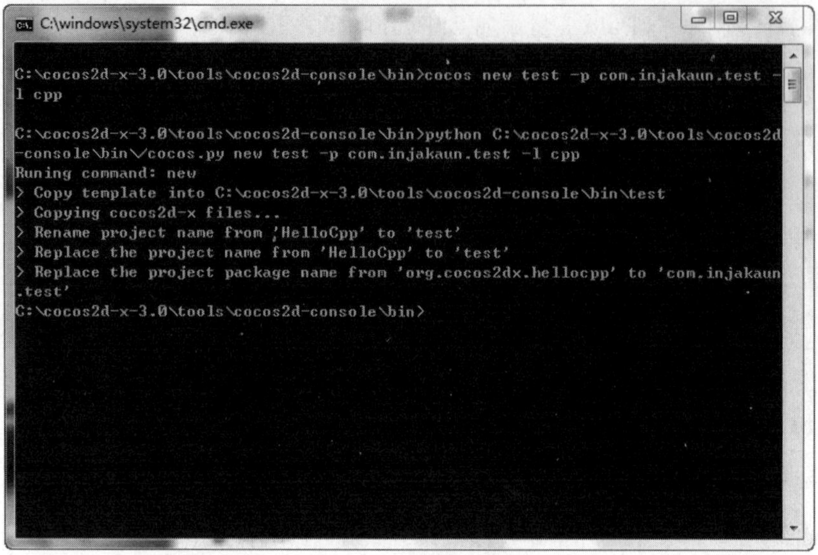

图 1-12　项目创建成功

1.3.3　运行项目

若要运行项目，需要先转到项目文件所在位置。移动到项目所在目录后，可以看到用指定的项目名称创建的文件夹。

进入项目文件夹，可以看到整个项目由 8 个文件夹组成，如图 1-13 所示。

图 1-13　test 文件夹

- Classes：该文件夹包含由 Cocos2d-x 实现的游戏代码。
- cocos2d：该文件夹包含 Cocos2d-x 库代码。
- proj.android：该文件夹包含 Android 项目文件。
- proj.ios_mac：该文件夹包含 iOS、Mac 项目文件。

- proj.linux：该文件夹包含 Linux 项目文件。
- proj.win32：该文件夹包含 Windows 项目文件。
- proj.wp8-xaml：该文件夹包含 Windows Phone 项目文件。
- Resources：该文件夹包含资源文件。

使用 Cocos2d-x 开发游戏时，游戏源代码位于 Classes 文件夹，图像等资源文件复制到 Resources 文件夹即可。除此之外，其他文件夹包含的都是某个特定平台的项目文件，除了特殊情况，一般不需要修改。

1. 在 Windows 下运行

在 Windows 下运行 win32 项目完成游戏开发后，再编译为 Android 项目即可。而在 Mac 下运行 iOS 项目完成游戏开发后，会直接得到 iOS 项目，然后使用与 Windows 相同的方法将其编译为 Android 项目即可。请注意，iOS 项目仅能在 Mac 下运行，故无法在 Windows 下将项目编译为 iOS 项目，也无法运行。

下面先尝试运行 Windows 项目。运行 Windows 项目之前，先要安装 Visual Studio 2012 及以上版本。如果各位电脑中尚未安装，请先到微软网站（http://www.microsoft.com/zh-cn/download）下载 Visual Studio Express。与正式版本相比，Visual Studio Express 的某些功能虽然受到限制，但用户可以免费使用。

在下载页面中找到 Visual Studio Express 2013 for Windows Desktop，下载后根据操作提示完成安装。

Visual Studio 安装完毕后，在 Windows 项目文件夹中双击打开项目解决方案文件，如图 1-14 所示。

图 1-14　proj.win32 文件夹

初次运行 Visual Studio，显示如图 1-15 所示界面。解决方案资源管理器中共显示 4 个项目，最下方的 test 项目即是前面所创建的项目，其余 3 个项目是 Cocos2d-x 本身提供的项目。在上方工具栏中选择**本地 Windows 调试器**，单击运行。初次运行项目时，4 个项目都要进行编译，需要花费很长时间。

图 1-15　Visual Studio 运行画面

运行 test 项目后，弹出如图 1-16 所示的运行窗口。运行结果是运行 Cocos2d-x 基本项目得到的，详细内容参见第 2 章，目前只要查看项目是否正常运行即可。

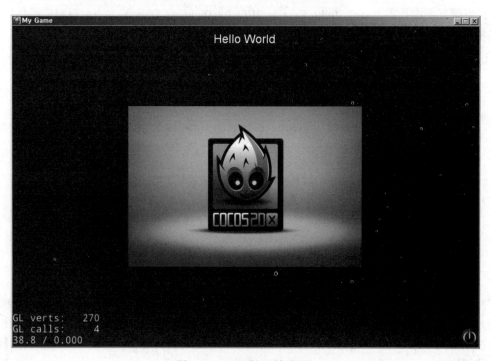

图 1-16　test 项目运行画面

2. 在 Mac 中运行

Mac 中已经默认安装 Xcode 开发工具，所以不需要另外安装。若未安装，请在 Mac App Store 中搜索"Xcode"下载并安装。proj.ios_mac 文件夹仅包含 ios、mac、test.xcodeproj 这 3 个文件夹，其中，test.xcodeproj 文件夹包含 Xcode 项目文件，下面运行该文件。

初次运行 Xcode，选择 test 项目文件，如图 1-17 所示。

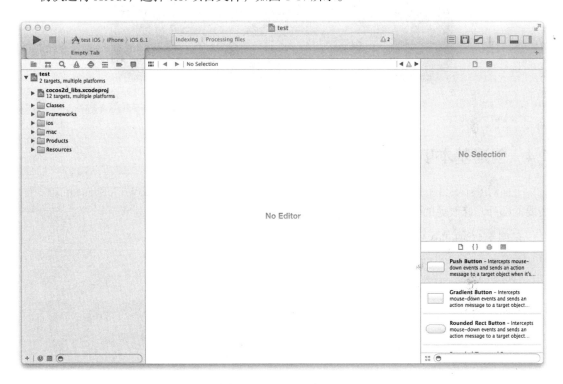

图 1-17　Xcode 运行画面

- cocos2d_libs.xcodeproj：Cocos2d-x 库项目
- Classes：使用 Cocos2d-x 实现的代码文件
- Frameworks：iOS、Mac 中使用的框架
- ios：iOS 相关文件
- Products：可执行文件
- Resource：资源文件

此处，Classes 组与 Resource 组中的文件与项目文件夹中同名文件夹的文件一致。左上角的三角形按钮是 Run 按钮，单击即可运行项目。初次编译 iOS 项目也要花费很长时间。

编译成功后，test 项目运行画面如图 1-18 所示。

图 1-18　test 项目运行画面

1.4　创建基本项目

下面对 test 项目稍作修改,创建基本项目供练习之用。首先删除 HelloWorldScene.h 文件中不需要的部分,修改后的代码如示例 1-1 所示。

示例 1-1　HelloWorldScene.h

```
#ifndef __HELLOWORLD_SCENE_H__
#define __HELLOWORLD_SCENE_H__

#include "cocos2d.h"

USING_NS_CC;           // using namespace cocos2d

class HelloWorld: public Layer
{
public:

    static Scene* createScene();

    virtual bool init();
    CREATE_FUNC(HelloWorld);
};

#endif
```

从示例 1-1 可以看到,`HelloWorld` 类继承了 `Layer` 类,拥有静态方法,用于创建并返回 `Scene`。下面逐行分析示例 1-1 的代码。

```
#ifndef __HELLOWORLD_SCENE_H__
#define __HELLOWORLD_SCENE_H__
...
...
#endif
```

以上代码防止重复引用头文件。创建新类时，要用类名重新修改上述代码。

```
class HelloWorld: public Layer
```

组成画面的类 HelloWorld 继承了 Layer 类。虽然 HelloWorld 是组成画面的类，但 Scene 并非继承而来，而是通过静态方法创建并使用的。

```
static Scene* createScene();
```

上述静态方法用于创建并返回 Scene，用于从另一画面切换到相应画面等。

```
virtual bool init();
```

生成继承了 Layer 的类时，执行完构造方法后，最先调用以上方法。

```
CREATE_FUNC(HelloWorld);
```

生成相应类时并不使用 new 命令，而是使用 Cocos2d-x 中提供的 create() 方法，以上静态方法实现该过程。

至此，头文件修改完成。接下来修改 HelloWorldScene 的可执行文件。

示例 1-2　HelloWorldScene.cpp

```
#include "HelloWorldScene.h"

Scene* HelloWorld::createScene()
{
    auto scene = Scene::create();

    auto layer = HelloWorld::create();
    scene->addChild(layer);

    return scene;
}

bool HelloWorld::init()
{
    if ( !Layer::init() )
    {
        return false;
    }
```

```
        return true;
}
```

示例 1-2 列出了 HelloWorldScene.cpp 代码，并根据修改后的头文件做了相应调整。下面逐行分析。

auto scene = Scene::create()

createScene()方法先创建 Scene。

auto layer = HelloWorld::create();
scene->addChild(layer);

然后创建继承了 Layer 类的 HelloWorld 类，再使用 addChild()方法将 HelloWorld 类添加到之前创建的 Scene。

return scene;

最后，用上述语句返回创建的 Scene。于是，调用 createScene()方法从另一画面切换画面时，不仅要创建新的 Scene，还要生成新层，再使用 addChild()方法进行添加，最后返回 Scene。以上过程要在相关类中实现，以构成新画面。

bool HelloWorld::init()

在 createScene()中创建层时，自动调用以上方法进行初始化。

1.4.1 修改画面大小

前面创建的示例项目中，画面大小为 480 像素×320 像素。iOS 项目默认模拟器为 iPhone 3，故画面大小将为 480 像素×320 像素。但 win32 环境下，输出结果的画面为 960 像素×640 像素，如图 1-16 所示。下面将结果画面大小修改为 480 像素×320 像素。

首先打开 Classes 文件夹中的 AppDelegate.cpp 文件，修改 applicationDidFinishLauching()方法，如示例 1-3 所示。

示例 1-3 applicationDidFinishLauching()方法

```
bool AppDelegate::applicationDidFinishLaunching() {
    auto director = Director::getInstance();
    auto glview = director->getOpenGLView();
    if(!glview) {
        glview = GLView::createWithRect("My Game", Rect(0, 0, 480, 320));
        director->setOpenGLView(glview);
    }
```

```
director->setDisplayStats(false);

director->setAnimationInterval(1.0 / 60);

auto scene = HelloWorld::createScene();

director->runWithScene(scene);

return true;
}
```

如示例 1-3 所示，创建 `glView` 的同时指定画面大小。在 win32 中创建 `glView` 时，也可以同时设置结果窗口的标题。

1.4.2　删除日志

从示例 1-3 中可以看到，`setDisplayStats()`方法的参数值由 `true` 变为 `false`。`setDisplayStats()`方法的参数值改变后，可以显示每秒帧数及画面输出相关日志。刚开始学习时，这些并不重要，此处将参数值修改为 `false`，以不显示日志。

1.4.3　删除资源

创建基本项目后，Resources 文件夹中有几个资源文件。但后面的练习并不使用这些资源文件，所以全部删除。Mac 环境中，删除 Resources 文件夹中的相关文件后，还要在 Xcode 中删除 Resources 组的文件。经过上述操作后，HelloWorld 项目就修改完成，本书将其用作基本项目，供练习之用。后文将继续使用修改后的项目进行讲解。

1.5　小结

本章先简单介绍了 Cocos2d-x，然后讲解了构建开发环境和创建 Cocos2d-x 项目的方法。第 2 章将学习"精灵"、标签、菜单等 Cocos2d-x 提供的最基本的功能。

第 2 章

基本功能

本章学习 Cocos2d-x 的基本功能。先介绍 Cocos2d-x 中使用的坐标系、锚点（Anchor Point），然后介绍制作游戏时向画面输出图像和文本的方法以及菜单按钮创建方法。最后详细分析 Hello World 项目源代码，它是 Cocos2d-x 的基本项目。

| 本章主要内容 |

- 坐标系与锚点
- "精灵"
- 标签
- 菜单
- Hello World 项目源代码分析

2.1 坐标系与锚点

使用 Cocos2d-x 把图像和文本输出到画面前，先要了解 Cocos2d-x 中的坐标系与锚点。

2.1.1 坐标系

如图 2-1 所示，坐标系的原点(0, 0)通常位于画面的左上角，x 轴水平向右递增，y 轴垂直向下递增。但 Cocos2d-x 使用的坐标系与此略有不同。

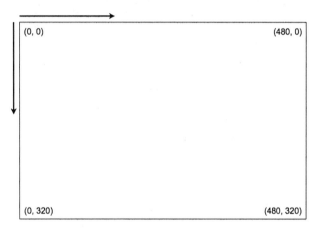

图 2-1　常规坐标系

Cocos2d-x 使用的坐标系如图 2-2 所示，其坐标原点(0, 0)位于画面的左下角，x 轴与常规坐标系一样，水平向右递增；而 y 轴则正好相反，垂直向上递增。Cocos2d-x 虽然是 2D 游戏引擎，但由于其基于 OpenGL 的 3D 图形 API 创建，故采用这种坐标系。

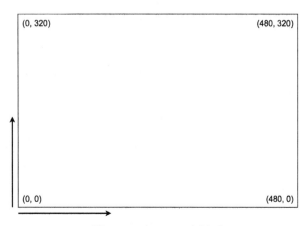

图 2-2　Cocos2d-x 坐标系

2.1.2 锚点

向画面输出图像或文本等对象时,需要基准点,该基准点称为"锚点"。根据锚点设置的不同,向同一坐标系输出对象时,画面显示位置也有所不同。锚点的表示方法与坐标一样,也由 x 值与 y 值组成,x 和 y 的取值范围为 0~1。x 取 0 时,x 轴的基准点在对象的左侧边缘;x 值取 1 时,x 轴的基准点位于对象的右侧边缘。y 值为 0 时,y 轴的基准点在对象的最底部;y 值为 1 时,y 轴基准点位于对象的最顶端。向坐标(100, 100)输出四边形图像时,根据锚点设置的不同,其在画面中显示的位置也不同。将锚点设为(0, 0)时,锚点位于四边形左下角,向画面输出四边形时,四边形的左下角将与坐标点(100, 100)重合,如图 2-3 所示。

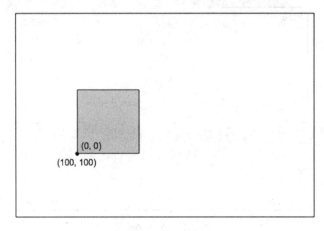

图 2-3 锚点(0, 0)

将锚点设置为(1, 0)时,锚点位于四边形的右下角。把四边形输出到画面的坐标点(100, 100)时,锚点(1, 0)将与坐标点(100, 100)重合,如图 2-4 所示。

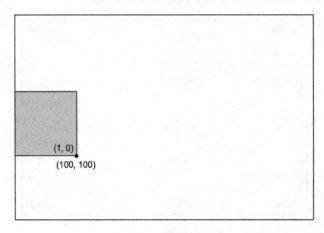

图 2-4 锚点(1, 0)

将锚点设置为(0, 1)时,锚点位于四边形的左上角,四边形在画面中的输出结果如图 2-5 所示。

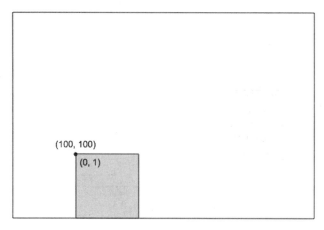

图 2-5　锚点(0, 1)

将锚点设置为(1, 1)时,锚点位于四边形的右上角,四边形在画面中的输出结果如图 2-6 所示。

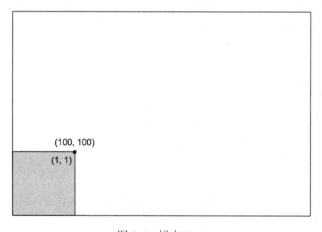

图 2-6　锚点(1, 1)

最后,将锚点设置为(0.5, 0.5),即 x 与 y 的值均为 1/2。此时,锚点位于四边形对象正中,四边形在画面中的输出结果如图 2-7 所示。

上文把锚点设置在不同位置,并详细分析了其对对象位置的不同影响。这是因为锚点非常重要,若理解有误,则很难将对象输出到希望的位置。灵活使用锚点可以更方便地把对象输出到画面。

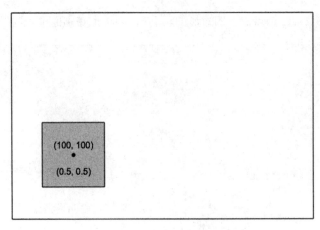

图 2-7　锚点(0.5, 0.5)

2.2　输出图像

制作游戏时最常见的操作就是把图像输出到画面。使用 Cocos2d-x 向画面输出图像时，要先创建"精灵"（Sprite）图像对象，然后借助其进行图像输出。"精灵"不单指图像，还包含各种图像信息（图像位置、颜色、透明度等）。

2.2.1　使用"精灵"

以 1.4 节创建的基本项目为基础添加源代码，如示例 2-1 所示。同时，把示例 2-1 中使用的图像文件 Icon-57.png 复制到 Resources 文件夹。示例中使用的图像文件 Icon-57.png 包含在示例文件[①]中。

 Mac 的 Xcode 中，先把要使用的资源文件复制到 Resources 文件夹，再在 Xcode 中将其添加到项目下的 Resource 组。

示例 2-1　init()

```
bool HelloWorld::init()
{
    if ( !Layer::init() )
    {
        return false;
```

---

① 请从 Acorn 出版社网站（http://www.acornpub.co.kr/book/cocos2d-x3）或作者博客（http://injakaun.blog.me）下载示例文件。

```
    }

    auto spr = Sprite::create("Icon-57.png");
    spr->setAnchorPoint(Point(0.5, 0.5));
    spr->setPosition(Point(100, 100));
    this->addChild(spr);

    return true;
}
```

添加代码并运行,画面输出结果如图 2-8 所示。

图 2-8 图像输出

下面详细分析示例 2-1 中的代码。

`auto spr = Sprite::create("Icon-57.png")`

上述语句用于创建"精灵"对象。在 Cocos2d-x 中创建对象不使用我们熟知的 new 命令,而是使用名为 create() 的 Cocos2d-x 方法。其实也可以使用 new 命令创建对象,但是需要调用者管理释放内存。而使用 create() 方法创建对象时,创建的对象被放入回收池,由 Cocos2d-x 管理内存。通常,某个类消亡时,使用 create() 方法创建的该类所有对象会同时自动销毁。

> **提示** auto 是 C++ 11 中的自动类型推断关键字。Cocos2d-x 使用其声明用 create() 方法创建的所有对象。
> - 声明并创建对象:Sprite *spr =Sprite::create("Icon-57.png")
> - 用 auto 关键字声明并创建对象:auto *spr =Sprite::create("Icon-57.png")

```
spr->setAnchorPoint(Point(0.5, 0.5))
```

setAnchorPoint()方法用于设置锚点。请注意,"精灵"锚点的默认值为(0.5, 0.5),若不另行设置,锚点的值将为(0.5, 0.5)。输入锚点时使用的 Point()方法将在 2.2.2 节详细讲解。

```
spr->setPosition(Point(100, 100))
```

setPosition()方法用于设置对象位置。由于"精灵"位置的默认值为(0, 0),若不另行设置,"精灵"将被设置到坐标点(0, 0)上。

```
this->addChild(spr)
```

将对象绘制到屏幕时,Cocos2d-x 并未单独提供绘制方法。创建完对象后,调用 addChild()方法即可把相关对象显示到画面。后文会详细讲解 addChild()方法。

示例 2-1 创建"精灵"对象时采用了最常用的方法,通过传入图像文件名称,借助图像文件中的图像创建"精灵"对象。创建"精灵"对象时也可以只显示部分图像,如示例 2-2 所示。

示例 2-2 init()

```
bool HelloWorld::init()
{
    if ( !Layer::init() )
    {
        return false;
    }

    auto spr = Sprite::create("Icon-57.png", Rect(0, 0, 30, 30));
    spr->setPosition(Point(100, 100));
    this->addChild(spr);

    return true;
}
```

图 2-9 是示例 2-2 的运行结果。与示例 2-1 不同,只显示了指定大小的图像。

```
auto spr = Sprite::create("Icon-57.png", Rect(0, 0, 30, 30));
```

上述语句创建"精灵"对象时,除了指定图像文件名外,还通过 Rect()方法指定了图像文件的裁剪矩形框。示例从图像的(0, 0)坐标开始,裁出 30×30 像素的区域并显示其中图像。关于 Rect()方法也将在 2.2.2 节详细讲解。

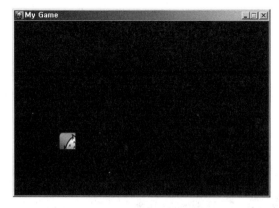

图 2-9 显示部分图像

> **提示** **Rect()方法的坐标系与锚点**
>
> 如示例 2-2 所示，有时会使用 Rect() 方法设置图像的裁剪区域。此时所用的坐标系为常规坐标系，坐标原点位于左上角——与原点位于左下角的 Cocos2d-x 坐标系不同——锚点也以左上角为基准。示例 2-2 使用 Rect(0, 0, 30, 30) 设置的是从图像左上角开始的长宽为 30×30 大小的区域。

除以上方法外，还有几种方法可以创建"精灵"对象，但各位理解起来会有一定难度，这里暂且省略，第 7 章将进一步讲解。示例 2-1 中，最后调用 this 对象的 addChild() 方法把"精灵"对象 spr 添加到其中，形成"父子关系"（Parent-Child）。this（层 Layer 对象）是父（Parent）对象，spr 是子（Child）对象。为了进一步说明父子关系，再添加移动层语句，如示例 2-3 所示。

示例 2-3　init()

```
bool HelloWorld::init()
{
    if ( !Layer::init() )
    {
        return false;
    }

    auto spr = Sprite::create("Icon-57.png");
    spr->setAnchorPoint(Point(0.5, 0.5));
    spr->setPosition(Point(100, 100));
    this->addChild(spr);

    this->setPosition(Point(200, 200));
```

```
    return true;
}
```

示例 2-3 中，新添加的语句将父对象 this 的坐标从(0, 0)移动到(200, 200)，子对象 spr 会随父对象 this 一起移动，由于 spr 对象相对于父对象 this 的坐标为(100, 100)，所以 spr 对象最终位于(300, 300)，如图 2-10 所示。这种父子关系中，若父对象的位置发生变化，子对象也会随着父对象移动相同距离。不仅是位置，对父对象进行缩放时，子对象也会以相同比例缩放。

图 2-10 移动层

下面进一步了解 addChild()方法。

表2-1 多种**addChild()**方法

种 类	参 数
addChild(Node *child)	child：子对象
addChild(Node *child, int localZOrder)	child：子对象
	localZOrder：z轴值
addChild(Node *child, int localZOrder, int tag)	child：子对象
	localZOrder：z轴值
	tag：标记值

addChild(Node *child)

该方法最常用，仅用于指定子对象。

addChild(Node *child, int localZOrder)

该方法用于指定子对象,并通过 localZOrder 参数为子对象指定 z 轴顺序。调用 addChild()方法把多个对象添加到相同位置时，后加入的对象将显示在画面前面。但若指定了 z 轴顺序，则添加的对象将不受顺序影响，而由 z 轴值的大小决定，z 轴值越大，越位于画面前端。此外，使用 setZOrder() 方法可以单独为某个对象设置 z 轴值。

addChild(Node *child, int localZOrder, int tag)

该方法甚至可以指定标记值。标记是为子对象添加的特定编号，借助其更容易分辨对象。getChildByTag() 方法用于通过标记从父对象中得到指定的子对象。

为了掌握"精灵"的默认设置值，如示例 2-4 所示修改源代码。

示例 2-4 init()

```
bool HelloWorld::init()
{
    if ( !Layer::init() )
    {
        return false;
    }
    
    auto spr = Sprite::create("Icon-57.png");
    this->addChild(spr);
    
    return true;
}
```

修改后的代码与示例 2-1 相似，但并未使用 setAnchorPoint() 和 setPosition() 方法，此时图像将按默认值显示在画面上。图 2-11 是上述代码的输出结果。

图 2-11　"精灵"的默认设置值

从图 2-11 中可以看出，画面输出有些异常，仔细分析就能明白这样输出的原因。首先，由于未指定坐标位置，图像被绘制到左下角(0, 0)；其次，由于未指定锚点，所以锚点默认位于图像的正中(0.5, 0.5)。也就是说，图像的中心点将与画面的左下角重合，最终形成图 2-11 的输出结果。

2.2.2 Cocos2d-x的基本数据类型

下面简单学习 Cocos2d-x 的基本数据类型。

1. `Point`

`Point` 表示坐标点，由 x 值与 y 值组成，常常用于为某个对象指定位置。示例 2-1 中使用 `Point()` 设置指定对象的位置。若想将图像位置设为(100, 100)，则要输入 `Point(100, 100)`。此外，还可以像示例 2-5 一样使用 `Point()` 的 x 值和 y 值。

示例 2-5　`init()`

```
bool HelloWorld::init()
{
    if ( !Layer::init() )
    {
        return false;
    }

    Point point = Point(240, 160);
    CCLOG("%f: %f", point.x, point.y);

    return true;
}
```

2. `Size`

`Size` 拥有 `width`（宽度）与 `height`（高度）两个属性，用于设置对象大小。创建方法如示例 2-6 所示，可以直接使用其属性。

示例 2-6　`init()`

```
bool HelloWorld::init()
{
    if ( !Layer::init() )
    {
        return false;
    }

    Size size = Size(100, 100);
    CCLOG("%f %f", size.width, size.height);

    return true;
}
```

3. Rect

Rect 常常用于指定某个区域，拥有 origin 与 size 两个属性，origin 拥有 *x* 与 *y* 两个值，size 拥有宽度与高度值。示例 2-2 将 Rect(0, 0, 30, 30) 用作输入参数以设置图像区域。Rect() 由 *x* 值、*y* 值、区域宽度 width、高度 height 构成。示例 2-2 从坐标(0, 0)开始，在图像上形成 30×30 像素的区域。示例 2-7 表示 Rect() 的创建及使用方法。

示例 2-7　init()

```
bool HelloWorld::init()
{
    if ( !Layer::init() )
    {
        return false;
    }

    Rect rect = Rect(240, 160, 100, 100);
    CCLOG("%f: %f: %f: %f", rect.origin.x, rect.origin.y,
          rect.size.width, rect.size.height);

    return true;
}
```

2.2.3　Cocos2d-x的基本方法

Cocos2d-x 提供了一些通用方法，这些方法可以用于"精灵"、文本标签等，可以对图像进行放大、旋转，或者使图像变为半透明。下面先介绍一些最常用的方法。

1. setScale()

该方法用于缩放对象，其接收 float 类型的参数以指定缩放比例，参数值大于 1，表示进行放大操作；小于 1，表示进行缩小操作。以下是几个使用示例。

- setScale(2.0)：将对象放大 2 倍。
- setScale(0.5)：将对象缩小 0.5 倍。
- setScaleX(2.0)：仅将对象宽度放大 2 倍。
- setScaleY(1.5)：仅将对象高度放大 1.5 倍。

2. setRotation()、setRotationX()、setRotationY()

这 3 种方法用于旋转对象，接收 float 类型的参数用作旋转角度，旋转角度为正数时，沿顺时针方向旋转；旋转角度为负数时，沿逆时针方向旋转；旋转角度超过 360°时，将按超出 360° 的部分旋转。setRotation()以 *z* 轴为基准旋转，通常用于旋转画面中的对象，setRotationX() 和 setRotationY()方法分别沿 *x* 轴、*y* 轴旋转对象。旋转以锚点为基准进行，锚点不同，旋转形成的轨迹也不同。下面是 setRotation() 方法的使用示例。

- setRotation(90)：沿顺时针方向旋转 90°。
- setRotation(-45)：沿逆时针方向旋转 45°。
- setRotation(450)：沿顺时针方向旋转 90°。

3. **setFlippedX()**、**setFlippedY()**

setFlippedX() 方法沿水平方向翻转对象，setFlippedY() 沿垂直方向翻转对象。翻转时不受锚点影响，也就是说，在翻转前对象所在区域中进行翻转时，仅翻转并输出对象。使用示例如下。

- setFlippedX(true)：水平翻转。
- setFlippedY(true)：竖直翻转。

4. **setOpacity()**

该方法设置对象透明度。透明度的取值范围为 0~255，取值 0 时，表示对象完全透明，不会在画面上显示；取值为 255 时，对象完全不透明，通常显示到画面；取值为 128 时，对象处于半透明状态。使用示例如下。

- setOpacity(255)：在画面中显示对象。
- setOpacity(0)：不在画面中显示对象。
- setOpacity(128)：在画面中半透明显示对象。

5. **setVisible()**

该方法用于设置对象在画面中是否可见。参数为 true 时，表示对象在画面中可见；参数为 false 时，表示对象在画面中不可见。使用示例如下。

- setVisible(true)：对象在画面中可见。
- setVisible(false)：对象在画面中不可见。

6. **setOpacity()** 与 **setVisible()** 的关系

设置对象的透明度与是否可见是分别进行的。将某对象的透明度设置为 0 时，该对象就不会显示到画面。此时，无论使用 setVisible() 进行何种设置（true 或 false），对象仍将保持透明不可见状态。同样，调用 setVisible(false) 方法后，对象将隐藏。此时，无论如何设置透明度（0~255），对象都将保持隐藏状态。也就是说，将对象透明度设置为 0 时，对象将处于不可见状态。若想显示对象，则必须将其透明度设置为 255。若使用 setVisible(false) 将对象在画面中隐藏，则必须使用 setVisible(true) 将其再次显示到画面。

2.2.4 使用"精灵"组成画面

下面利用前面学过的"精灵"相关知识进行简单练习。

如图 2-12 所示，使用"精灵"生成图像并显示到画面。由图可知，画面右侧的男子图像放大 2 倍后输出，画面上方的女子图像垂直翻转后显示。本练习不会直接给出数值指定"精灵"位置，而是先使用下列方法获取画面大小，再灵活运用画面大小设置各"精灵"的位置。使用如下方法即可获取画面大小。

图 2-12 使用"精灵"组成画面

```
Size winSize=Director::getInstance()->getWinSize();
```

此外，为了将画面背景设置为白色而非黑色，HelloWorld 要继承 LayerColor 而不是先前的 Layer，如示例 2-8 所示。

示例 2-8　HelloWorldScene.h

```
#ifndef __HELLOWORLD_SCENE_H__
#define __HELLOWORLD_SCENE_H__

#include "cocos2d.h"

USING_NS_CC;

class HelloWorld: public LayerColor
{
public:

    static Scene* createScene();

    virtual bool init();
    CREATE_FUNC(HelloWorld);
};

#endif
```

从以上代码可以看出，与前面基本项目的 HelloWorldScene.h 代码几乎一样，只不过此处继承的类是 LayerColor 而非 Layer。

示例 2-9　init()

```
bool HelloWorld::init()
{
    if ( !LayerColor::initWithColor(Color4B(255, 255, 255, 255)))
    {
        return false;
    }

    Size winSize = Director::getInstance()->getWinSize();

    auto spr_1 = Sprite::create("grossini.png");
    spr_1->setAnchorPoint(Point::ZERO);
    this->addChild(spr_1);

    auto spr_2 = Sprite::create("grossinis_sister1.png");
    spr_2->setAnchorPoint(Point(0.5, 0));
    spr_2->setPosition(Point(winSize.width/2, 0));
    this->addChild(spr_2, 1);

    auto spr_3 = Sprite::create("grossini.png");
    spr_3->setAnchorPoint(Point(1, 0));
    spr_3->setPosition(Point(winSize.width, 0));
    spr_3->setScale(2.0);
    this->addChild(spr_3);

    auto spr_4 = Sprite::create("grossini.png");
    spr_4->setPosition(Point(winSize.width/2, winSize.height/2));
    this->addChild(spr_4);

    auto spr_5 = Sprite::create("grossinis_sister2.png");
    spr_5->setAnchorPoint(Point(0.5, 1));
    spr_5->setPosition(Point(winSize.width/2, winSize.height));
    spr_5->setFlippedY(true);
    this->addChild(spr_5);

    return true;
}
```

下面逐行分析示例 2-9。

if (!LayerColor::initWithColor(Color4B(255, 255, 255, 255)))

示例 2-9 使用 initWithColor() 方法而非 init() 方法初始化 Layer，该方法通过 Color4B 设置背景色，示例将背景设置为白色。

```
spr_1->setAnchorPoint(Point::ZERO);
```

以上语句将"精灵" spr_1 的锚点设置为 Point::ZERO，即 Point(0, 0)。

```
spr_2->setPosition(Point(winSize.width/2, 0));
```

水平方向上，"精灵" spr_2 位于画面中间，所以将 Point 的横坐标设置为画面宽度 winSize.width 的一半。若想把"精灵"对象设置为垂直居中，则要将 Point 的纵坐标设置为画面高度 winSize.height`的一半。

```
this->addChild(spr_2, 1);
```

为了把"精灵" spr_2 显示到以后添加的"精灵" spr_3 的前面，将 zOrder 的值指定为 1。若不另行设置 zOrder 值，则默认值为 0。

```
spr_5->setFlippedY(true);
```

调用 setFlippedY() 方法对"精灵" spr_5 沿垂直方向翻转。

2.3 输出文本

制作游戏时，不仅要向画面输出图像，还经常需要向画面输出文本。Cocos2d-x 通过创建标签（Label）对象向画面输出文本。标签对象类似于"精灵"，并非只带有文本，还具备位置值、锚点等信息值。标签种类有 SystemFont、TTF（True Type Font）、BMFont、CharMap。先学习 SystemFont。

2.3.1 SystemFont

SystemFont 使用内置 TTF 向画面输出文本，当然也可以添加.ttf 文件，使用添加的 TTF 字体。首先修改基本项目的源代码，如示例 2-10 所示。

示例 2-10 init()

```
bool HelloWorld::init()
{
    if ( !Layer::init() )
    {
        return false;
    }

    auto label = Label::createWithSystemFont("Hello World", "Thonburi", 34);
    label->setPosition(Point(240, 160));
```

```
    this->addChild(label);

    return true;
}
```

图 2-13 是运行示例 2-10 的输出结果。

图 2-13　输出 Hello World

从示例 2-10 可看出，与 "精灵" 中使用的代码相比，仅 createWithSystemFont()方法的用法不同。

```
auto label = Label::createWithSystemFont("Hello World", "Thonburi", 34);
```

如上所示，createWithSystemFont()是创建 Label 的最基本的方法，它接收 3 个参数，分别用于指定要输出的文本、字体名称以及字号。若所用字体的名称不对，或指定了尚未内置的字体，则使用默认字体输出指定文本。

示例 2-10 是创建标签较简单的方法。除此之外，创建标签时，还可以设置标签区域，指定文本在标签区域中的对齐方式。

示例 2-11　init()

```
bool HelloWorld::init()
{
    if (!Layer::init())
    {
        return false;
    }

    auto label = Label::createWithSystemFont("Hello World",
```

```
    "Thonburi", 34, Size(150, 150), TextHAlignment::LEFT);
label->setPosition(Point(240, 160));
this->addChild(label);

return true;
}
```

图 2-14 是示例 2-11 的运行结果。

图 2-14 设置标签区域大小和水平对齐方式

运行示例 2-11，创建并显示指定大小的标签。要输出的文本超过标签区域大小时，超出的文本将自动换行。

```
auto label = Label::createWithSystemFont("Hello World", "Thonburi",
34, Size(150, 150), TextHAlignment::LEFT);
```

使用以上代码创建标签时，同时指定了文本、字体种类、字体大小以及标签区域大小。示例 2-11 将标签区域的宽度设置为 150 像素，文本长度超过 150 像素时，将自动换行。此外，还为标签文本指定了水平对齐方式，示例 2-11 指定文本左对齐。标签文本的水平对齐方式可设置为如下 3 种，如表 2-2 所示。

表2-2 文本的水平对齐方式

类型	说明
TextHAlignment::CENTER	居中对齐
TextHAlignment::LEFT	左对齐
TextHAlignment::RIGHT	右对齐

若需要强制换行，可在输入文本的最后添加\n 字符。示例 2-11 仅为文本指定了水平左对齐，并未指定垂直对齐方式。此时默认顶部对齐，所以文本最终显示在标签区域的左上位置。

示例 2-12 init()

```
bool HelloWorld::init()
{
    if (!Layer::init())
    {
        return false;
    }

    auto label = Label::createWithSystemFont("Hello World",
        "Thonburi", 34, Size(150, 150), TextHAlignment::CENTER,
        TextVAlignment::CENTER);
    label->setPosition(Point(240, 160));
    this->addChild(label);

    return true;
}
```

若想控制标签文本的垂直对齐方式，则应为最后一个参数指定垂直对齐方式，如示例 2-12 所示。图 2-15 是示例 2-12 的运行结果，将标签文本的水平对齐与垂直对齐同时设置为居中。

图 2-15　添加标签垂直对齐

```
auto label = Label::createWithSystemFont("Hello World", "Thonburi", 34, Size(150, 150),
TextHAlignment::CENTER, TextVAlignment::CENTER);
```

使用上述代码创建标签时，最后一个参数指定了标签文本的垂直对齐方式。示例 2-12 将标签文本的垂直对齐方式设置为居中，标签文本可以设置的垂直对齐方式如表 2-3 所示。

表2-3 垂直对齐方式

类　　型	说　　明
TextVAlignment::CENTER	居中对齐
TextVAlignment::Top	顶端对齐
TextVAlignment::Bottom	底端对齐

2.3.2 TTF

若想使用非内置的 ttf 文件，需要先把外部相关 ttf 文件添加到 Resources 文件夹。但是，win32、Android、iOS 平台下的使用方法略有不同。win32 与 Android 平台调用 createWithTTF() 方法时，要给出想要输出的文本、要用的字体名称（带扩展名）以及字体大小，这与调用 createWithSystemFont() 方法类似，如示例 2-13 所示。

示例 2-13　init()

```
bool HelloWorld::init()
{
    if ( !Layer::init() )
    {
        return false;
    }

    auto label = Label::createWithTTF("Hello World",
        "A Damn Mess.ttf", 34);
    label->setPosition(Point(240, 160));
    this->addChild(label);

    return true;
}
```

图 2-16 是示例 2-13 的执行结果，使用外部 ttf 显示标签。

图 2-16　使用外部 ttf

iOS 平台则需要设置。在 Xcode 项目中打开 icons 组（在 ios 组中）的环境配置文件 info.plist，添加 Fonts provide by application 项，向 Item 0 输入外部 ttf 文件名称。若要使用的外部 ttf 文件大于 2 个，则继续向 Item 1、Item 2…分别输入相应 ttf 文件的名称。完成输入后，在 win32 与 Android 中同样调用 `createWithTTF()` 方法即可，如示例 2-13 所示。

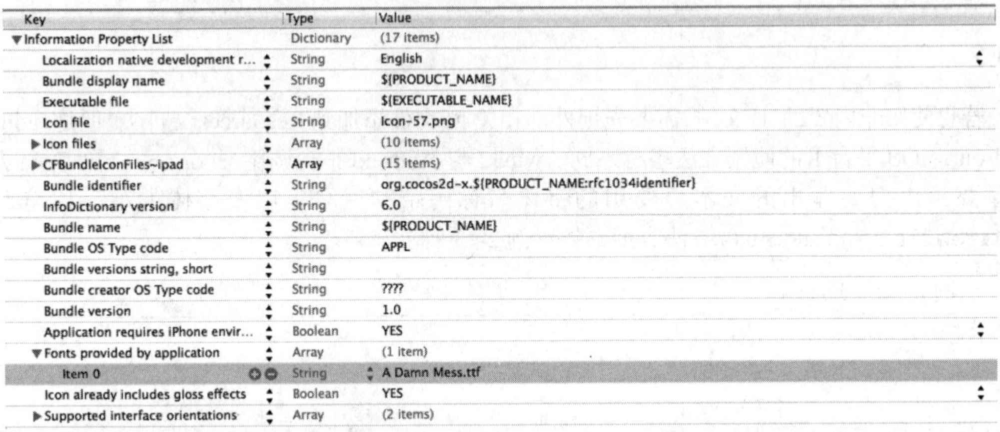

Key	Type	Value
▼Information Property List	Dictionary	(17 items)
Localization native development r...	String	English
Bundle display name	String	${PRODUCT_NAME}
Executable file	String	${EXECUTABLE_NAME}
Icon file	String	Icon-57.png
▶Icon files	Array	(10 items)
▶CFBundleIconFiles~ipad	Array	(15 items)
Bundle identifier	String	org.cocos2d-x.${PRODUCT_NAME:rfc1034identifier}
InfoDictionary version	String	6.0
Bundle name	String	${PRODUCT_NAME}
Bundle OS Type code	String	APPL
Bundle versions string, short	String	
Bundle creator OS Type code	String	????
Bundle version	String	1.0
Application requires iPhone envir...	Boolean	YES
▼Fonts provided by application	Array	(1 item)
Item 0	String	A Damn Mess.ttf
Icon already includes gloss effects	Boolean	YES
▶Supported interface orientations	Array	(2 items)

图 2-17　设置 info.plist 以添加 ttf 文件

2.3.3　BMFont

BMFont（位图字体）由.png 文件（由位图图像创建）与.fnt 文件（包含字体信息）组成，用于创建位图字体标签对象。使用 BMFont 之前，需要准备图像文件（`.png`）与字体信息文件（`.fnt`）。将 bitmapFontChinese.fnt 文件与 bitmapFontChinese.png 复制到资源文件夹。

示例 2-14　`init()`

```
bool HelloWorld::init()
{
    if ( !Layer::init() )
    {
        return false;
    }

    auto label = Label::createWithBMFont("bitmapFontChinese.fnt",
        "Hello World");
    label->setPosition(Point(240, 160));
    this->addChild(label);

    return true;
}
```

图 2-18 是示例 2-14 的输出结果。

图 2-18　使用 LabelBMFont

```
auto label = Label::createWithBMFont("bitmapFontChinese.fnt", "Hello World");
```

上述语句是最常见的 BMFont 使用方法，使用时给出 fnt 文件名与要输出的文本即可。请注意，给出 fnt 文件名时要用全名，即包含.fnt 扩展名，并且要保证 fnt 文件名与 png 文件名一致。此外，由于字体图像被指定为位图图像，所以不能另行设置字体大小。上述代码创建的标签只用 1 行输出文本，如果需要换行，则要在创建 BMFont 标签对象的同时指定最大行宽，如示例 2-15 所示。但是，只在有空格时才换行。若中间无空格，那么即使文字超过指定宽度也无法换行。

示例 2-15　init()

```
bool HelloWorld::init()
{
    if ( !Layer::init() )
    {
        return false;
    }

    auto label = Label::createWithBMFont("bitmapFontChinese.fnt",
        "Hello World", TextHAlignment::CENTER, 50);
    label->setPosition(Point(240, 160));
    this->addChild(label);

    return true;
}
```

图 2-19 是示例 2-15 的输出结果。

图 2-19　为 LabelBMFont 设置宽度

```
auto label = Label::createWithBMFont("bitmapFontChinese.fnt",
"Hello World", TextHAlignment::CENTER, 50);
```

在以上代码中创建标签对象时，参数中同时指定水平对齐方式与标签宽度。

> **提示**　**BMFont 转换器（Bitmap Font Generator）**
> 要使用 BMFont 就必须要有 BMFont 文件。使用 Bitmap Font Generator 工具可以轻松地制作 BMFont，使用方法与下载参见官方页面（http://www.angelcode.com/products/bmfont/）及相关博客。

2.3.4　CharMap

CharMap 与 BMFont 大同小异，它并不使用字体信息文件（.fnt），用户可以直接指定文件信息。为此，创建图像文件时，要按照 ASCII Code 顺序制作文字，且各文字宽度与高度均保持一致。CharMap 通常用于显示数字标签。游戏中经常使用数字，所以常用图像制作的字体，而不使用系统的现有字体。此时，灵活使用 CharMap 能够更轻松地将制作好的文字显示到画面。

示例 2-16　init()

```
bool HelloWorld::init()
{
    if ( !Layer::init() )
    {
        return false;
    }

    auto label = Label::createWithCharMap("labelatlas.png", 16, 32, '.');
    label->setString("012345");
```

```
    label->setAnchorPoint(Point(0.5, 0.5));
    label->setPosition(Point(240, 160));
    this->addChild(label);

    return true;
}
```

图 2-20 是示例 2-16 的输出结果。下面逐行分析代码。

图 2-20　使用 LabelCharMap

```
auto label = Label::createWithCharMap("labelatlas.png", 16, 32, '.');
```

创建 CharMap 时，要把带有字体内容的图像文件的名称输入为参数，再依次指定各文字的宽度与高度。还要把从图像开始的 ASCII Code 值作为参数输入。

```
label->setString("012345");
```

调用 setString() 方法设置要输出的内容。

```
label->setAnchorPoint(Point(0.5, 0.5));
```

SystemFont、TTF、BMFont 的默认锚点值为(0.5, 0.5)，而 CharMap 默认锚点为(0, 0)。因此，若想使文字居中显示，需要另行设置锚点。

2.3.5　其他方法

除了 2.2.3 节讲述的基本方法外，还有许多标签相关方法，比如 setString()、getString()、setColor() 等，这些方法在创建标签时也很常用。

1. setString()、getString()

setString() 方法用于改变标签内容。使用 setString() 方法输入新文本时，之前的文本自动清除，标签文本自动变更为输入的新文本。调用 getString()方法返回指定标签的文本内容。

2. `setColor()`

setColor()方法用于设置颜色，更常用于标签。setColor()方法接收 Color3B 类型的参数，Color3B 是 Cocos2d-x 中表示颜色的结构体，通过 Color3B 方法创建，如示例 2-17 所示。

示例 2-17 `init()`

```
bool HelloWorld::init()
{
    if ( !Layer::init() )
    {
        return false;
    }

    auto label_0 = Label::createWithSystemFont("Hello World",
        "Thonburi", 50);
    label_0->setPosition(Point(240, 220));
    label_0->setColor(Color3B(255, 0, 0));
    this->addChild(label_0);

    auto label_1 = Label::createWithSystemFont("Shadow",
        "Thonburi", 50);
    label_1->setPosition(Point(240, 160));
    label_1->enableShadow(Color4B::BLUE, Size(2, -2));
    this->addChild(label_1);

    auto label_2 = Label::createWithTTF("Outline", "arial.ttf", 50);
    label_2->setPosition(Point(240, 100));
    label_2->enableOutline(Color4B::RED, 2);
    this->addChild(label_2);

    return true;
}
```

3. `enableShadow()`

enableShadow()方法用于显示阴影，接收如下两个参数。请注意，若不给出参数，则将使用黑色偏移(2, -2)默认设置创建阴影。

enableShadow(const Color4B& shadowColor, const Size &offset)

- shadowColor：设置阴影颜色。
- Offest：设置标签与阴影间隔。

4. enableOutline()

enableOutline()方法用于创建轮廓线，带有如下两个参数。请注意，若不设置轮廓线粗细，则将创建粗细为1的轮廓线，且效果仅支持 TTF。

enableOutline(const Color4B& outlineColor,int outlineSize)

- outlineColor：设置轮廓线颜色。
- outlineSize：设置轮廓线粗细。

图 2-21 是示例 2-17 的输出结果。

图 2-21 使用 setColor、enableShadow()、enableOutline()

```
label_0->setColor(Color3B(255, 0, 0));
```

以上代码将 label_0 设置为红色。Color3B 是表示颜色的数据结构，由 R、G、B 值构成，它本身包含的基本颜色值如表 2-4 所示。

表2-4 Color3B基本颜色值

类 型	含 义
Color3B::WHITE	白色
Color3B::YELLOW	黄色
Color3B::BLUE	蓝色
Color3B::GREEN	绿色
Color3B::RED	红色
Color3B::MAGENTA	品红色
Color3B::BLACK	黑色
Color3B::ORANGE	橙色
Color3B::GRAY	灰色

```
label_1->enableShadow(Color4B::BLUE, Size(2, -2));
```

以上代码在距离标签 label_1 向右 2 像素、向下 2 像素的位置显示蓝色阴影。

```
label_2->enableOutline(Color4B::RED, 2);
```

上述语句为 label_2 创建粗细为 2 的红色轮廓线。请注意，轮廓线仅能应用于 TTF，故需要使用 arial.ttf 字体文件创建文字标签。

2.3.6 使用多种标签

综合前面所学内容使用多种标签创建语句，向画面输出各种文字标签，如图 2-22 所示。

图 2-22 多种文字标签

如图所示，"cocos2d-x" 文本使用 SystemFont 创建，"Hello World" 文本使用 BMFont 创建，"2014.01.01" 文本使用 CharMap 创建。

示例 2-18 init()

```
bool HelloWorld::init()
{
    if ( !Layer::init() )
    {
        return false;
    }

    auto label_1 = Label::createWithSystemFont("cocos2d-x",
        "Thonburi", 50);
    label_1->setPosition(Point(240, 160 + 100));
    this->addChild(label_1);

    auto label_2 = Label::createWithBMFont("bitmapFontChinese.fnt",
```

```cpp
        "Hello World");
    label_2->setPosition(Point(240, 160));
    this->addChild(label_2);

    auto label_3 = Label::createWithCharMap("labelatlas.png", 16, 32, '.');
    label_3->setString("2014.01.01");
    label_3->setAnchorPoint(Point(0.5, 0.5));
    label_3->setPosition(Point(240, 160 - 100));
    this->addChild(label_3);

    return true;
}
```

示例 2-18 是图 2-22 输出结果的源代码，使用了各种创建文字标签的方法。关于标签，只要掌握这些创建方法即可，至于设置标签位置、锚点等与前面学过的设置"精灵"位置、锚点的方法一样。

2.4 创建菜单按钮

菜单（Menu）对象用于在游戏中创建菜单按钮，如图 2-23 所示。首先编写源代码，如示例 2-19 所示。

示例 2-19 init()、menuCallback()

```cpp
bool HelloWorld::init()
{
    if ( !Layer::init() )
    {
        return false;
    }

    auto item_1 = MenuItemImage::create("btn-play-normal.png",
        "btn-play-selected.png", CC_CALLBACK_1
        (HelloWorld::menuCallback, this));
    auto item_2 = MenuItemImage::create("btn-highscores-normal.png",
        "btn-highscores-selected.png", CC_CALLBACK_1
        (HelloWorld::menuCallback, this));
    auto item_3 = MenuItemImage::create("btn-about-normal.png",
        "btn-about-selected.png", CC_CALLBACK_1(
        HelloWorld::menuCallback, this));

    auto menu = Menu::create(item_1, item_2, item_3, NULL);
    menu->alignItemsVertically();
    this->addChild(menu);
```

```
    return true;
}

void HelloWorld::menuCallback(Ref *sender)
{
    CCLOG("menuCallback");
}
```

如示例 2-19 所示输入代码，运行结果如图 2-23 所示。

图 2-23　使用菜单

菜单由菜单项（MenuItem）组成，图 2-23 中，Play、High Score、About 都是菜单项。单击选中菜单项时，显示的图像改变，并具备选中后调用方法的功能。后文会详细讲解示例 2-19。

2.4.1　菜单项

菜单由菜单项组成，先学习创建菜单项的方法。

1. **MenuItemFont**

示例 2-20　init()

```
bool HelloWorld::init()
{
    if ( !Layer::init() )
    {
        return false;
    }
```

```
    auto item_1 = MenuItemFont::create("Play",
        CC_CALLBACK_1(HelloWorld::menuCallback, this));
    auto item_2 = MenuItemFont::create("High Scores",
        CC_CALLBACK_1(HelloWorld::menuCallback, this));
    auto item_3 = MenuItemFont::create("About",
        CC_CALLBACK_1(HelloWorld::menuCallback, this));

    auto menu = Menu::create(item_1, item_2, item_3, NULL);
    menu->alignItemsVertically();
    this->addChild(menu);

    return true;
}
```

示例 2-20 与示例 2-19 相似，不同之处在于菜单项为 `MenuItemFont`。图 2-24 是示例 2-20 的输出结果。

```
auto item_1 = MenuItemFont::create("Play", CC_CALLBACK_1(
HelloWorld::menuCallback, this));
```

如上代码所示，`MenuItemFont` 菜单项使用起来最简单，直接输入要显示的菜单文本即可创建。创建 `MenuItemFont` 菜单项时需要给出菜单文本，单击后文本变大，表示已选。为菜单项设置好文本后，还要指定菜单选中后调用的方法与目标。

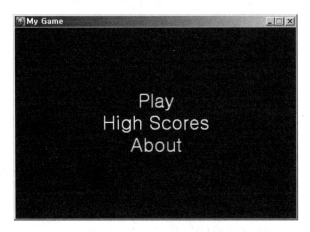

图 2-24　用 `MenuItemFont` 创建菜单

指定调用的方法时，并不直接输入方法名称，而是由定义为 `CC_CALLBACK_1()` 的回调方法调用。指定调用方法的名称时，其参数要省略，仅输入名称。若调用的方法为 `menuCloseback(Ref* sender)`，只需输入 `menuCloseback` 即可，`()` 中的部分不必输入。此外，回调方法末尾的数字表示要传递的参数个数，就菜单项而言，所选菜单项会传递到 sender（**Ref** 类型），所以要使用 CC_CALLBACK_1() 方法。

> **提示** **sender**
>
> Cocos2d-x 示例源码中可以看到，很多参数都是 sender。大多数情况下，sender 并不直接输入某个参数，它更多是指调用相应方法的主体。示例 2-21 中，menuCallback(Ref* sender) 由 CC_CALLBACK_1() 方法调用，相应菜单项的指针将自动传递给 sender。传递的菜单项可以在调用的方法中使用，如示例 2-21 所示。

示例 2-21 `menuCallback()`

```cpp
void HelloWorld::menuCallback(Ref *sender)
{
    CCLOG("menuCallback");

    auto item = (MenuItemFont*)sender;
}
```

2. `MenuItemLabel`

`MenuItemLabel` 与 `MenuItemFont` 类似，都是菜单项。不同之处在于，创建 `MenuItemFont` 时可以直接给出菜单项文本，而创建 `MenuItemLabel` 时需要给出文字标签。因此，使用 `MenuItemFont` 时无法直接指定字体大小、颜色等，而 `MenuItemLabel` 通过标签创建菜单项，所以应用更加灵活多样。

示例 2-22 `init()`

```cpp
bool HelloWorld::init()
{
    if (!Layer::init())
    {
        return false;
    }

    auto label_1 = Label::createWithSystemFont("Play", "Thonburi", 50);
    auto label_2 = Label::createWithSystemFont("High Scores",
        "Thonburi", 50);
    auto label_3 = Label::createWithSystemFont("About",
        "Thonburi", 50);

    auto item_1 = MenuItemLabel::create(label_1,
        CC_CALLBACK_1(HelloWorld::menuCallback, this));
    auto item_2 = MenuItemLabel::create(label_2,
        CC_CALLBACK_1(HelloWorld::menuCallback, this));
```

```
    auto item_3 = MenuItemLabel::create(label_3,
        CC_CALLBACK_1(HelloWorld::menuCallback, this));

    auto menu = Menu::create(item_1, item_2, item_3, NULL);
    menu->alignItemsVertically();
    this->addChild(menu);

    return true;
}
```

图 2-25 是示例 2-22 的输出结果。如示例 2-22 所示，`MenuItemLabel` 的使用方法与 `MenuItemFont` 类似，但创建时需要提供菜单文本构成的 `Label`，而不能直接给出菜单文本。

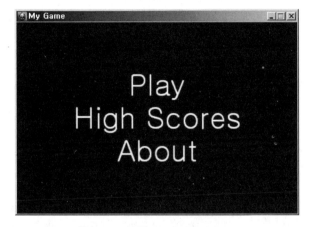

图 2-25　显示 `MenuItemLabel`

3. MenuItemImage

如示例 2-19 所示，`MenuItemImage` 使用图像（.png）创建菜单项，可以对未选中时菜单项显示的图像与选中时显示的图像进行不同设置。此外，还可以为菜单项设置非激活状态时显示的图像，如示例 2-23 所示。

示例 2-23　init()

```
bool HelloWorld::init()
{
    if ( !Layer::init() )
    {
        return false;
    }

    auto item_1 = MenuItemImage::create("btn-play-normal.png",
        "btn-play-selected.png", "btn-play-selected.png",
```

```
        CC_CALLBACK_1(HelloWorld::menuCallback, this));
    auto item_2 = MenuItemImage::create("btn-highscores-normal.png",
        "btn-highscores-selected.png", CC_CALLBACK_1
        (HelloWorld::menuCallback, this));
    auto item_3 = MenuItemImage::create("btn-about-normal.png",
        "btn-about-selected.png", CC_CALLBACK_1
        (HelloWorld::menuCallback, this));

    auto menu = Menu::create(item_1, item_2, item_3, NULL);
    menu->alignItemsVertically();
    this->addChild(menu);

    item_1->setEnabled(false);

    return true;
}
```

图 2-26 是示例 2-23 的运行结果，其中，第一个菜单项 Play 呈现为橘红色，这并不是因为它被选中，而是因为其处于禁用状态。橘红色图像是事先为禁用状态设置的，此时单击不会有任何响应。

```
auto item_1 = MenuItemImage::create("btn-play-normal.png",
"btn-play-selected.png", "btn-play-selected.png",
CC_CALLBACK_1(HelloWorld::menuCallback, this));
```

图 2-26　第一个菜单项处于禁用状态

如上所示，创建 item_1 时，通过 3 个参数指定了菜单项处于正常状态时显示的图像、菜单项被选中时显示的图像、菜单项处于禁用状态时显示的图像。像这样，通过第三个参数为菜单项指定禁用状态时显示的图像后，若菜单项处于禁用状态，则显示指定的图像。若不为菜单项指定禁用状态时显示的图像，那么菜单项处于禁用状态时，将显示正常状态时的图像。除此之外，其他使用方法与 `MenuItemFont` 一样。

```
item_1->setEnabled(false);
```

`setEnabled()` 方法用于启用或禁用指定的菜单项，默认为启用状态。示例 2-23 使用以上语句禁用 `item_1` 菜单项。菜单项处于禁用状态时将无法选择，也无法调用相关方法。

4. MenuItemSprite

`MenuItemSprite` 与 `MenuItemImage` 几乎一样，但使用"精灵"而不是图像创建菜单项。使用图像创建菜单项时无法改变图像，但使用 `Sprite` 创建菜单项时，通过 `Sprite` 的方法可以灵活改变图像大小、Alpha 值等。

示例 2-24 `init()`

```cpp
bool HelloWorld::init()
{
    if ( !Layer::init() )
    {
        return false;
    }

    auto spr_1_n = Sprite::create("btn-play-normal.png");
    auto spr_1_s = Sprite::create("btn-play-selected.png");
    auto spr_2_n = Sprite::create("btn-highscores-normal.png");
    auto spr_2_s = Sprite::create("btn-highscores-selected.png");
    auto spr_3_n = Sprite::create("btn-about-normal.png");
    auto spr_3_s = Sprite::create("btn-about-selected.png");
    spr_3_n->setScaleY(0.5);

    auto item_1 = MenuItemSprite::create(spr_1_n, spr_1_s,
        CC_CALLBACK_1(HelloWorld::menuCallback, this));
    auto item_2 = MenuItemSprite::create(spr_2_n, spr_2_s,
        CC_CALLBACK_1(HelloWorld::menuCallback, this));
    auto item_3 = MenuItemSprite::create(spr_3_n, spr_3_s,
        CC_CALLBACK_1(HelloWorld::menuCallback, this));

    auto menu = Menu::create(item_1, item_2, item_3, NULL);
    menu->alignItemsVertically();
    this->addChild(menu);

    return true;
}
```

图 2-27 是示例 2-24 的运行结果，由于 spr_3_n 的高度被缩小为原来的一半，所以结果画面显示的是缩小后的图像。

像这样，除了使用"精灵"创建菜单项外，其余部分与其他菜单项相同。

图 2-27　显示 MenuItemSprite

5. MenuItemToggle

MenuItemToggle 与前面学习的菜单项不同。MenuItemToggle 内部包含已经创建的菜单项，并通过菜单项创建 Toggle 菜单项。

示例 2-25　init()

```
bool HelloWorld::init()
{
    if ( !Layer::init() )
    {
        return false;
    }

    auto item_1_1 = MenuItemImage::create("btn-play-normal.png",
        "btn-play-selected.png");
    auto item_1_2 = MenuItemImage::create("btn-highscores-normal.png",
        "btn-highscores-selected.png");
    auto item_1 = MenuItemToggle::createWithCallback(CC_CALLBACK_1
        (HelloWorld::menuCallback, this), item_1_1, item_1_2, NULL);

    auto item_2 = MenuItemImage::create("btn-about-normal.png",
        "btn-about-selected.png", CC_CALLBACK_1
        (HelloWorld::menuCallback, this));
```

```
    auto menu = Menu::create(item_1, item_2, NULL);
    menu->alignItemsVertically();
    this->addChild(menu);

    return true;
}
```

图 2-28 是示例 2-25 的运行结果。

图 2-28　显示 MenuItemToggle

```
auto item_1_1 = MenuItemImage::create("btn-play-normal.png",
"btn-play-selected.png");
auto item_1_2 = MenuItemImage::create("btn-highscores-normal.png",
"btn-highscores-selected.png");
```

以上代码用于创建菜单项，创建 Toggle 菜单项时会用到。Toggle 菜单项不会调用其内部的各菜单项的回调方法，而只调用自身的回调方法，所以创建用于 Toggle 菜单项中的菜单项时，不必指定回调方法。

```
auto item_1 = MenuItemToggle::createWithCallback(CC_CALLBACK_1(
HelloWorld::menuCallback, this), item_1_1, item_1_2, NULL);
```

以上语句调用 CreateWithCallback 方法，通过前面已经创建的菜单项创建 Toggle 菜单项。Toggle 菜单项的创建方法与前面学过的创建方法略有不同，要求先指定回调方法，再依次给出要使用的各菜单项对象的名称，且最后一个参数必须为 NULL。

创建 Toggle 菜单项后运行，输出结果如图 2-28 所示。Toggle 菜单项初次显示内部的第一个菜单项，单击显示第二个菜单项，再次单击继续显示下一菜单项。Toggle 菜单项的最后一个菜单项显示出来后，继续单击将再次显示其第一个菜单项。

2.4.2 设置菜单位置

利用前面创建菜单项创建菜单，菜单提供自动对齐功能。使用多个菜单项创建菜单时，若不进行特别设置而直接调用 `addChild()` 方法将菜单添加到画面，将只显示最后一个菜单项。因为没有为各菜单项单独设置 `Position` 值，也没有使用菜单提供的自动对齐功能，所以这些菜单项显示到相同位置，故只能在画面中看到最后一个菜单项。

有两种设置菜单项位置的方法：一是分别为各菜单项指定位置，二是使用菜单提供的自动对齐功能。

1. `alignItems`

`alignItems` 包括 `alignItemsVertically()` 与 `alignItemHorizontally()` 两种方法，前者用于垂直对齐，后者用于水平对齐。使用这两种方法可以对菜单项进行水平或垂直对齐，各菜单项的间隔采用 Cocos2d-x 默认设置值。若想单独设置各菜单项的间隔，只要调用 `alignItemsVerticallyWithPadding()` 与 `alignItemsHorizontallyWithPadding()` 并通过参数指定即可。

2. 通过 `setPosition()` 指定位置

指定位置前，首先了解菜单项、菜单的默认锚点及默认位置设置。

`Menu`、`MenuItem` 的默认设置值

```
MenuItem
- AnchorPoint: (0.5, 0.5)
- Position: (0, 0)
Menu
- AnchorPoint: (0, 0)
- Position: (winSize.width/2, winSize.height/2)
```

如上所示，两个默认锚点与位置的设置值是不同的。若用户不另行设置，菜单项将以父对象的位置为基准被绘制到画面中间。与我们的想法不同，改变菜单项的位置大部分是改变其在画面中的显示位置。请记住，设置菜单项的位置就是指定其在画面中的显示位置。应该把菜单的锚点与位置更改为(0,0)，只有这样，各菜单项才能显示到正确位置。当然，也可以像上面那样，在不改变菜单锚点与位置的条件下设置菜单项，但这样计算起来会更复杂。

2.5 Hello World

我们已经创建了 Hello World 项目这个 Cocos2d-x 的基本项目，也已讲解"精灵"、标签、菜单等相关知识。下面详细分析 Hello World 项目的源代码，了解其中的具体内容。

初次创建项目后，仅调整画面大小并运行，输出画面如图 2-29 所示。仔细分析结果画面可知，其由前面学习过的"精灵"、标签、菜单组成。中间的 COCOS2DX 图像由"精灵"实现，上方的 Hello World 文本由标签实现，右下角的退出按钮由菜单实现。

图 2-29　Hello World

下面逐行分析代码。完整的示例源代码位于 sample_2_26 文件夹，请自行查看。

```
Size visibleSize = Director::getInstance()->getVisibleSize();
Point origin = Director::getInstance()->getVisibleOrigin();
```

`Director::getInstance()->getVisibleSize()` 方法用于获取可见画面的大小，`Director::getInstance()->getVisibleOrigin()` 方法用于获取可见画面原点的位置。`getVisibleSize` 一般与 `geWinSize` 一致，`getVisibleOrigin` 为(0, 0)。

2.5.1　菜单

从菜单项代码可知，创建菜单项时使用了前面学过的 `MenuItemImage`。

```
auto closeItem = MenuItemImage::create(
            "CloseNormal.png",
            "CloseSelected.png",
            CC_CALLBACK_1(HelloWorld::menuCloseCallback, this));
```

使用上述代码指定常规图像与选中时的图像，并给出选中该菜单项时要调用的 `menuCloseCallback()` 方法。

```
closeItem->setPosition(Point(origin.x + visibleSize.width -
closeItem->getContentSize().width/2 ,
origin.y + closeItem->getContentSize().height/2));
```

以上代码用于设置菜单项的位置。由于没有单独设置锚点，所以采用默认设置值(0.5, 0.5)。从源代码输入位置看，可以预测，退出按钮位于距离画面右下角 20 像素的位置。

```
auto menu = Menu::create(closeItem, NULL);
menu->setPosition(Point::ZERO);
this->addChild(menu, 1);
```

上述代码使用前面创建的 `closeItem` 创建菜单。用1个菜单项创建菜单时，最后一个参数值也一定为 `NULL`。由于没有使用自动对齐功能，所以需要手动指定菜单位置。因为前面设置了菜单项的位置，所以把菜单位置设置为(0, 0)。菜单锚点的默认值为(0, 0)，所以不需要再为菜单设置锚点位置。调用 `addChild()` 添加菜单时，将 `Zorder` 值设置为1。代码将绘制在最下面的"精灵"的 `Zorder` 设置为0，其他对象的 `Zorder` 值全部设置为1。

2.5.2 标签

使用3.0以前的版本中的 `LabelTTF` 创建标签，3.0版本中也可以使用 `Label::createWithTTF()` 方法创建。

```
auto label = LabelTTF::create("Hello World", "Arial", 24);
label->setPosition(Point(origin.x + visibleSize.width/2,
origin.y + visibleSize.height - label->getContentSize().height));
this->addChild(label, 1);
```

上述代码先创建文本标签，再设置标签位置。从给出的位置可以看出，文本标签位于画面中上部。此外，添加标签的同时指定 `Zorder` 值为1，与菜单的 `Zorder` 值一样。

2.5.3 "精灵"

创建"精灵"时使用了最简单的方法。"精灵"的位置设置在画面中间，没有单独设置锚点，故采用默认值(0.5, 0.5)。与菜单和标签的不同之处在于，添加"精灵"时，`Zorder` 值设置为0而不是1。因此，虽然最晚添加 `addChild()`，其仍将被绘制在菜单和标签之下。

```
auto sprite = Sprite::create("HelloWorld.png");
sprite->setPosition(Point(visibleSize.width/2 + origin.x, visibleSize.
height/2 + origin.y));
this->addChild(sprite, 0);
```

分析上面所用源代码后再次运行程序，可以看到画面的输出结果与预想的一样。

2.6 小结

本章先学习了坐标系和锚点相关知识，这些是使用Cocos2d-x时必须掌握的内容。然后学习了Cocos2d-x中的基本对象，"精灵"、标签、菜单等。最后通过分析Hello World项目再次回顾本章内容。第3章将介绍动作（Action）功能相关内容，它是Cocos2d-x最重要的部分。

多种动作功能

Cocos2d-x 最大的优点在于提供多种动作功能，这也是制作游戏时最常用的功能。本章将分为基本动作与复合动作对 Cocos2d-x 提供的动作功能进行详细讲解。

| 本章主要内容 |
- 动作功能用法
- 基本动作类型与用法
- 复合动作类型与用法

3.1 动作功能

使用动作功能前先了解其定义。

3.1.1 不使用动作功能移动图像

不使用 Cocos2d-x 提供的动作功能时，要想移动图像，先要创建定时器，然后逐渐增加坐标值，使图像在每一帧中都出现在希望的位置上。图像移动到指定位置后，终止定时器。上述过程描述起来简单，但用代码实现则要复杂一些。

3.1.2 使用动作功能移动图像

使用 Cocos2d-x 的动作功能能够轻松移动图像。Cocos2d-x 提供的动作功能中，有专门用于位置移动的动作，使用时只要给出要移动的位置及时间即可。下面用动作功能编写移动图像的代码，如示例 3-1 所示。

示例 3-1 init()

```
bool HelloWorld::init()
{
    if ( !Layer::init() )
    {
        return false;
    }

    auto spr = Sprite::create("ball.png");
    spr->setPosition(Point(50, 50));
    this->addChild(spr);

    auto action = MoveTo::create(3.0, Point(450, 50));
    spr->runAction(action);

    return true;
}
```

示例 3-1 只使用 2 行代码就通过动作功能实现了图像的移动。

```
auto action = MoveTo::create(3.0, Point(450, 50));
```

以上代码中，MoveTo 是用于将对象移动到指定位置的动作，调用 create()方法创建该动作时，要以参数形式给出移动的位置及时间。

```
spr->runAction(action);
```

移动动作创建完成后，调用 `runAction()` 方法执行。调用 `runAction()` 方法时，调用对象会直接执行指定动作，即使不另行设置，动作也会在指定时间内执行。

图 3-1 是示例 3-1 的运行画面。为了便于肉眼观察图像移动过程，将图像按一定时间间隔显示到画面。其实，图 3-1 是图像移动的轨迹截图，与程序正常运行显示的画面不同。程序正常运行时，会显示 1 个球从左侧移动到右侧。

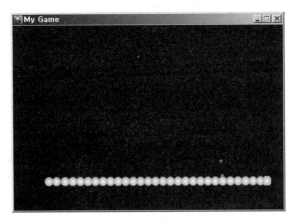

图 3-1　图像移动

3.1.3　By 与 To 的区别

学习动作功能前，先要了解 By 与 To 的区别。查看 Cocos2d-x 提供的动作可发现，同一动作往往有 By 与 To 两个版本。以 By 结尾的动作以当前位置为基准移动，是相对移动方式；以 To 结尾的动作是绝对移动，移动与当前位置无关。

- `MoveBy::create(2.0, Point(200, 200))`
  以当前坐标为基准，按偏移量(200, 200)移动。如果当前坐标为(100, 100)，那么移动后的坐标将变为(300, 300)。
- `MoveTo::create(2.0, Point(200, 200))`
  移动到坐标(200, 200)处，移动与当前坐标无关。若当前坐标为(100, 100)，执行该动作后的坐标为(200, 200)。

不仅 Move 动作中存在 By 与 To 的区别，改变大小、旋转等动作中也有这种区别。

3.2　基本动作

Cocos2d-x 提供的基本动作共有 6 种，如表 3-1 所示。

表3-1 基本动作分类

分　类	类　型
位置	MoveBy、MoveTo、JumpBy、JumpTo、BezierBy、BezierTo、Place
缩放	ScaleBy、ScaleTo
旋转	RotateBy、RotateTo
画面显示	Show、Hide、Blink、ToggleVisibility
透明度	FadeIn、FadeOut、FadeTo
颜色	TintBy、TintTo

下面逐个学习基本动作。

3.2.1 位置

先学习位置（Position）变化相关动作。

1. MoveBy、MoveTo

这两个动作用于在指定时间内把对象移动到指定位置。Move动作的用法已经在示例3-1中给出详细说明。请注意，动作要由继承了Node类（Layer、Sprite、Label等）的对象执行。

2. JumpBy、JumpTo

这两个动作用于模仿跳跃的轨迹移动节点对象，即在指定时间内，以指定高度和次数将节点对象移动到指定位置。JumpBy动作是相对跳跃动作，其目标位置是相对当前位置而言的；JumpTo动作是绝对跳跃动作，把节点对象移动到指定位置时，与当前位置无关。

示例3-2 init()

```cpp
bool HelloWorld::init()
{
    if ( !Layer::init() )
    {
        return false;
    }

    auto spr = Sprite::create("ball.png");
    spr->setPosition(Point(100, 100));
    this->addChild(spr);

    auto action = JumpBy::create(5.0, Point(300, 0), 150, 5);
    spr->runAction(action);

    return true;
}
```

```
auto action = JumpBy::create(5.0, Point(300, 0), 150, 5);
```

示例3-2使用JumpBy动作在5秒钟内从当前位置(100, 100)移动(300, 0)，即移动到(400, 100)，并且将跳跃高度设置为150像素，跳跃次数为5次。

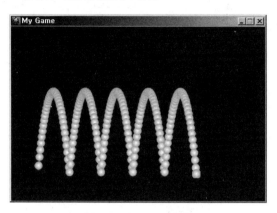

图3-2　JumpBy 动作

3. BeizerBy、BezierTo

这两个动作是贝塞尔曲线（Bézier curve）动作，沿着ccBezierConfig创建的贝塞尔曲线在指定时间内移动节点对象。Cocos2d-x 使用三次贝塞尔曲线，带有起点、终点（endPosition）和2个控制点（controlPosition）。创建贝塞尔曲线时，可以通过ccBezierConfig结构体对贝塞尔曲线进行设置，设置方法如示例 3-3 所示。

示例3-3　init()

```
bool HelloWorld::init()
{
    if ( !Layer::init() )
    {
        return false;
    }

    auto spr = Sprite::create("ball.png");
    spr->setPosition(Point(50, 50));
    this->addChild(spr);

    ccBezierConfig bezierConfig;
    bezierConfig.controlPoint_1 = Point(200, 250);
    bezierConfig.controlPoint_2 = Point(400, 150);
    bezierConfig.endPosition = Point(450, 50);

    auto action = BezierTo::create(3.0, bezierConfig);
```

```
    spr->runAction(action);

    return true;
}
```

下面逐行分析示例 3-3。

```
ccBezierConfig bezierConfig;
bezierConfig.controlPoint_1 = Point(200, 250);
bezierConfig.controlPoint_2 = Point(400, 150);
bezierConfig.endPosition = Point(450, 50);
```

上述代码先声明了 `ccBezierConfig` 结构体，再将第一个控制点设置为(200, 250)，第二个控制点设置为(400, 150)，把终点设置为(450, 50)。

```
auto action = BezierTo::create(3.0, bezierConfig);
```

上述代码以持续时间（3 秒）和贝塞尔曲线的配置结构体（`bezierConfig`）为参数创建 Bezier 动作。

Bezier 动作中 `By` 与 `To` 的区别是，`By` 向控制点或终点移动时，会以之前位置为基准移动到相对位置，`To` 在移动节点对象到指定位置时是绝对移动，与之前的位置无关。通过多次观察运行可以掌握贝塞尔曲线的轨迹，了解节点对象的大致移动路径。

图 3-3 是示例 3-3 的运行画面轨迹截图，白色球体根据设定的动作显示到画面。示例 3-3 中虽然没有，但为了便于理解，图中使用红色圆球把贝塞尔曲线上的控制点、起始点显示出来。

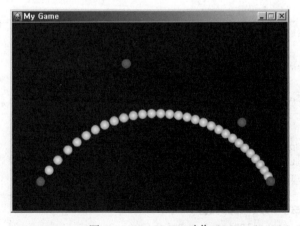

图 3-3　BezierTo 动作

4. Place

该动作用于将节点对象放置到某个指定位置。Place 动作与第 2 章学过的 `setPosition()`

方法具有相同功能，但 Place 动作一般不单独使用，通常用于复合动作，复合动作相关内容将在 3.3 节详细讲解。若只想改变节点对象位置，使用 setPosition() 方法即可。不过，依序执行一系列动作的过程中需要改变节点对象的位置时，不要使用 setPosition() 方法，而要使用与其有相同功能的 Place 动作。

示例 3-4　init()

```
bool HelloWorld::init()
{
    if ( !Layer::init() )
    {
        return false;
    }

    auto spr = Sprite::create("ball.png");
    spr->setPosition(Point(100, 100));
    this->addChild(spr);

    auto action = Place::create(Point(200, 200));
    spr->runAction(action);

    return true;
}
```

`auto action = Place::create(Point(200, 200));`

上述代码用于创建 Place 动作，(200, 200)是要放置节点对象的位置。

图 3-4 和图 3-5 分别为执行 Place 动作之前和之后的输出画面。其实，执行 Place 动作时，不会看到图 3-4 所示的画面，而会直接看到图 3-5 执行动作后的画面。

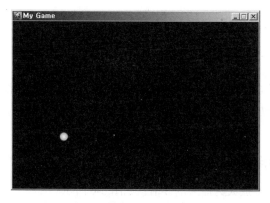

图 3-4　执行 Place 动作前

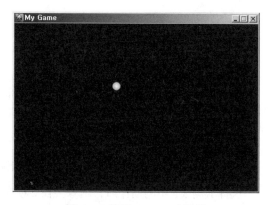

图 3-5　执行 Place 动作后

3.2.2 缩放

下面学习缩放（Scale）相关动作。

- **ScaleBy、ScaleTo**

这两个动作用于在指定时间内将节点对象缩放为指定大小。Scale 动作可以把节点对象放大或缩小到指定大小。执行 ScaleBy 动作缩放对象时，以当前对象大小为基准，缩放大小值小于 1.0，将缩小对象；大于 1.0，将放大对象。ScaleTo 动作将对象缩放到指定大小，缩放与对象当前大小无关。因此，对象缩放尺寸小于当前尺寸时，对对象进行缩小操作；对象缩放尺寸大于当前尺寸时，对对象进行放大操作。

示例 3-5 init()

```cpp
bool HelloWorld::init()
{
    if ( !Layer::init() )
    {
        return false;
    }

    auto spr = Sprite::create("ball.png");
    spr->setPosition(Point(100, 100));
    spr->setScale(1.0);
    this->addChild(spr);

    auto action = ScaleTo::create(2.0, 3.0);
    spr->runAction(action);

    return true;
}
```

下面逐行分析示例 3-5。

spr->setScale(1.0);

该语句将示例 3-5 使用的"精灵"大小设置为 1.0，节点对象大小的默认值为 1.0。大小为 1.0 时不需要另外设置，但为了更明确地表示 Scale 动作的变化值，特意使用上述语句进行了设置。

auto action = ScaleTo::create(2.0, 3.0);

上述代码创建 ScaleTo 动作，在 2 秒内把指定节点对象放大 3 倍。

执行示例 3-5 中的动作后，图像会在 2 秒内逐渐放大为原来的 3 倍，如图 3-6 所示。

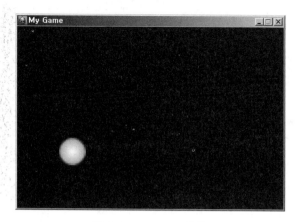

图 3-6 ScaleTo 动作

3.2.3 旋转

下面逐个学习旋转（Rotate）相关动作。

● **RotateBy、RotateTo**

这两个动作用于在指定时间内对节点对象旋转指定的角度。Rotate 动作中，旋转方向根据不同情况而有所不同。使用 RotateTo 动作时，输入的角度为正（+），则沿顺时针方向旋转；输入角度为负（−），则沿逆时针方向旋转。不过，旋转角度大于 180°时，略有不同。比如，指定旋转角度为 270°后，并非沿顺时针方向旋转 270 度，而是沿逆时针方向旋转 90°，到达沿顺时针旋转 270°的位置。换言之，使用 RotateTo 动作时，旋转方向并不由输入的角度决定，而是根据要旋转到的位置选择能够最快到达的方向进行旋转。再比如，指定旋转角度为 450°后，旋转时并非先旋转 360°再顺时针旋转 90°，而是只旋转 90°，到达与 450°相同的位置。RotateBy 动作与 RotateTo 动作不同，它会如实根据指定角度进行旋转。比如，设置的角度为 270°时，将沿顺时针方向旋转 270°；设置为 450°时，将先旋转 1 圈，再旋转 90°。同样，设置旋转角度为−270°时，将沿逆时针方向旋转 270°。

此外，若设置角度时仅指定 1 个参数，则绕 z 轴旋转；若指定 2 个参数，则沿 x 轴、y 轴旋转。若旋转绕 x 轴与 y 轴进行，刚开始往往很难预测进展，可以先把其中 1 个值设置为 0，再观察旋转情况，这样就能更轻松地把握情况。

示例 3-6　init()

```
bool HelloWorld::init()
{
    if ( !Layer::init() )
    {
        return false;
```

```
    }

    auto spr = Sprite::create("Icon-57.png");
    spr->setPosition(Point(100, 100));
    this->addChild(spr);

    auto action = RotateBy::create(2.0, 450);
    spr->runAction(action);

    return true;
}
```

auto action = RotateBy::create(2.0, 450);

上述代码创建 RotateBy 动作，在 2 秒钟内从 0°旋转到 450°。

如示例 3-6 所示编写源代码并运行，图 3-7 中的图标将先旋转 1 圈，再旋转 90°，如图 3-8 所示。

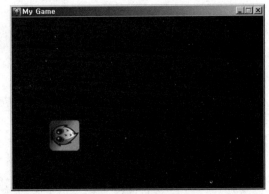

图 3-7　执行 RotateBy 动作前　　　　图 3-8　执行 RotateBy 动作后

3.2.4　画面显示

下面逐个讲解画面显示（Visible）相关动作。

1．Show

Show 动作用于显示节点对象，其功能相当于 setVisible(true)。若已经调用 setVisible(true) 设置对象可见，则该动作不会引起任何变化；若调用 setVisible(false) 设置对象不可见，则该动作将对象显示到画面。Show 动作较少用于单一动作，和 Place 动作一样，常用于复合动作。

示例 3-7 init()

```
bool HelloWorld::init()
{
    if ( !Layer::init() )
    {
        return false;
    }

    auto spr = Sprite::create("Icon-57.png");
    spr->setPosition(Point(100, 100));
    spr->setVisible(false);
    this->addChild(spr);

    auto action = Show::create();
    spr->runAction(action);

    return true;
}
```

spr->setVisible(false);

上述语句用于隐藏"精灵"对象，使其在画面中不可见。

auto action = Show::create();

该代码用于创建 Show 动作。

由运行结果可知，示例 3-7 虽然先把"精灵"设置为不可见，但由于后面执行了 Show 动作，使"精灵"在画面中正常显示。

2. **Hide**

Hide 动作用于从画面中隐藏节点对象，与 Show 动作恰好相反，相当于 setVisible(false)。

示例 3-8 init()

```
bool HelloWorld::init()
{
    if ( !Layer::init() )
    {
        return false;
    }

    auto spr = Sprite::create("Icon-57.png");
    spr->setPosition(Point(100, 100));
    this->addChild(spr);
```

```
    auto action = Hide::create();
    spr->runAction(action);

    return true;
}
```

```
auto action = Hide::create();
```

上述代码用于创建 Hide 动作。

由运行结果可知,示例 3-8 中,"精灵"执行 Hide 动作,使自身在画面中不可见。

3. Blink

该动作在指定时间内将节点对象闪烁指定次数。

示例 3-9   init()

```
bool HelloWorld::init()
{
    if ( !Layer::init() )
    {
        return false;
    }

    auto spr = Sprite::create("Icon-57.png");
    spr->setPosition(Point(100, 100));
    this->addChild(spr);

    auto action = Blink::create(3.0, 10);
    spr->runAction(action);

    return true;
}
```

```
auto action = Blink::create(3.0, 10);
```

上述代码创建 Blink 动作,指定 3 秒内闪烁 10 次。

运行示例 3-9 可以看到,图像 3 秒内闪烁 10 次。

4. ToggleVisibility

该动作用于切换节点对象的可视属性,对调用 setVisible() 方法设置的结果进行反向切换。节点对象显示在画面上时,执行 ToggleVisibility 动作后,节点对象将隐藏;反之,节点对象隐藏时执行该动作,将显示节点对象。

示例 3-10 init()

```
bool HelloWorld::init()
{
    if ( !Layer::init() )
    {
        return false;
    }

    auto spr = Sprite::create("Icon-57.png");
    spr->setPosition(Point(100, 100));
    this->addChild(spr);

    auto action = ToggleVisibility::create();
    spr->runAction(action);

    return true;
}
```

auto action = ToggleVisibility::create();

上述代码用于创建 ToggleVisibility 动作。与创建 Show 动作、Hide 动作类似，创建 ToggleVisibility 动作时不需要给出参数。

运行示例 3-10，起初，图像的 visible 状态为 true，执行 ToggleVisibility 动作后，visible 状态变为 false，图像从画面中消失。

3.2.5 透明度

下面逐个学习透明度（Opacity）相关动作。

1. **FadeIn**

该动作在指定时间内将对象透明度由 0 变到 255，为对象添加淡入效果时常常使用 FadeIn 动作。使用该动作时，对象透明度将先强制变为 0，然后从 0 逐渐变为 255。若对象已经显示在画面上，执行该动作后，对象透明度将被设置为 0，使之不可见。然后再逐渐变为 255，使对象产生淡入效果。

示例 3-11 init()

```
bool HelloWorld::init()
{
    if ( !Layer::init() )
    {
        return false;
```

```
    }

    auto spr = Sprite::create("Icon-57.png");
    spr->setPosition(Point(100, 100));
    spr->setOpacity(0);
    this->addChild(spr);

    auto action = FadeIn::create(3.0);
    spr->runAction(action);

    return true;
}
```

`spr->setOpacity(0);`

以上代码将"精灵"的透明度设置为0。

`auto action = FadeIn::create(3.0);`

上述代码创建3秒 FadeIn 动作。

运行示例3-11,图像刚开始处于隐藏状态,执行 FadeIn 动作后,3秒内逐渐显示出来。

2. FadeOut

该动作在指定时间内将对象透明度由255变到0。FadeOut 动作与 FadeIn 动作恰好相反,把对象透明度由255变为0。

示例3-12 init()

```
bool HelloWorld::init()
{
    if ( !Layer::init() )
    {
        return false;
    }

    auto spr = Sprite::create("Icon-57.png");
    spr->setPosition(Point(100, 100));
    this->addChild(spr);

    auto action = FadeOut::create(3.0);
    spr->runAction(action);

    return true;
}
```

```
auto action = FadeOut::create(3.0);
```

上述代码创建 3 秒 `FadeOut` 动作。

运行示例 3-12 可以看到，图像起初处于可见状态，然后在 3 秒钟内逐渐消失。此处需要注意，`Fade` 动作是改变对象透明度的，与 `Show`、`Hide` 动作不同，它并不改变 `setVisible()` 的设置结果。换言之，使用 `Hide` 动作将 `setVisible()` 的设置结果更改为 `false` 时，即使使用 `FadeIn` 动作将透明度变为 255，对象也不会在画面上显示出来。并且，对象使用 `FadeOut` 动作淡出后，即使执行 `Show` 动作也不会显示到画面。使用透明度动作与画面显示动作时，需要注意。

3. `FadeTo`

该动作在指定时间内把对象透明度变为指定值。

示例 3-13 `init()`

```
bool HelloWorld::init()
{
    if ( !Layer::init() )
    {
        return false;
    }

    auto spr = Sprite::create("Icon-57.png");
    spr->setPosition(Point(100, 100));
    this->addChild(spr);

    auto action = FadeTo::create(3.0, 128);
    spr->runAction(action);

    return true;
}
```

```
auto action = FadeTo::create(3.0,128);
```

上述代码创建 `FadeTo` 动作，3 秒内将对象透明度变为 128。

示例 3-13 中，"精灵"执行 `FadeTo` 动作，3 秒内将其透明度变为 128，使之半透明。图 3-9 是示例 3-13 的运行结果。

图 3-9　FadeTo 动作

3.2.6　颜色

下面逐个学习颜色（Color）相关动作。

- **TintBy、TintTo**

这两个动作在指定时间内通过指定 RGB 值改变对象颜色。Tint 动作通过指定 RGB 值改变对象颜色，即修改对象的颜色值。各位可以将该过程简单想象为用带有颜色的玻璃纸覆盖某个对象。

示例 3-14　init()

```
bool HelloWorld::init()
{
    if ( !Layer::init() )
    {
        return false;
    }

    auto spr = Sprite::create("Icon-57.png");
    spr->setPosition(Point(100, 100));
    this->addChild(spr);

    auto action = TintTo::create(3.0, 255, 0, 0);
    spr->runAction(action);

    return true;
}
```

```
auto action = TintTo::create(3.0, 255, 0, 0);
```

上述代码创建 TintTo 动作，3 秒内将对象变为红色。

示例 3-13 中，"精灵"执行 TintTo 动作，3 秒内将其变为红色。图 3-10 是示例 3-14 的运行结果。

图 3-10　TintTo 动作

以上就是 Cocos2d-x 的基本动作。此外还有复合动作，它们在游戏中应用非常广泛，详情参考 3.3 节。

3.3　复合动作

与前面所学的基本动作不同，复合动作不是单一动作，而是各种基本动作组合而成的复杂动作。

3.3.1　序列动作

序列（Sequence）动作用于依次执行两个以上的动作。

示例 3-15　init()

```
bool HelloWorld::init()
{
    if ( !Layer::init() )
    {
        return false;
    }

    auto spr = Sprite::create("ball.png");
```

```
    spr->setPosition(Point(100, 100));
    this->addChild(spr);

    auto action_0 = MoveTo::create(1.0, Point(400, 100));
    auto action_1 = MoveTo::create(1.0, Point(400, 250));
    auto action_2 = Sequence::create(action_0, action_1, NULL);
    spr->runAction(action_2);

    return true;
}
```

auto action_2 = Sequence::create(action_0, action_1, NULL);

上述语句创建 Sequence 动作，以依次执行 action_0 与 action_1 两个动作。

如示例 3-15 所示，创建复合动作前，先创建要依次执行的动作，然后调用 create()方法，按顺序传入即可。请注意，最后一个参数应为 NULL，表明已经没有还要输入的动作。

图 3-11 是示例代码的运行结果。执行 action_0 动作产生白色轨迹，执行 action_1 动作产生红色轨迹。当然，示例 3-15 的运行结果与图 3-11 有所不同，为了帮助各位理解该过程，图 3-11 做了一些改动。序列动作不仅可以组合 2 个动作，还可以组合更多动作，只要把要依次执行的动作以参数形式传递给 create()方法，再交由节点即可执行。

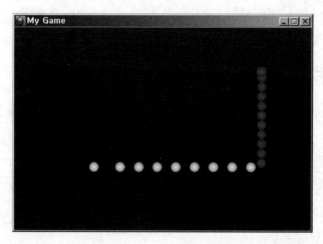

图 3-11　Sequence 动作

3.3.2　并列动作

并列（Spawn）动作用于同时执行两个以上的动作。

示例 3-16 `init()`

```cpp
bool HelloWorld::init()
{
    if ( !Layer::init() )
    {
        return false;
    }

    auto spr = Sprite::create("ball.png");
    spr->setPosition(Point(100, 100));
    this->addChild(spr);

    auto action_0 = MoveTo::create(2.0, Point(400, 100));
    auto action_1 = FadeOut::create(2.0);
    auto action_2 = ScaleTo::create(2.0, 3.0);
    auto action_3 = Spawn::create(action_0, action_1, action_2,
        NULL);
    spr->runAction(action_3);

    return true;
}
```

`auto action_3 = Spawn::create(action_0, action_1, action_2, NULL);`

上述语句创建 Spawn 动作，以同时运行 action_0、action_1、action_2 这 3 个动作。

运行示例 3-16，图像在 2 秒内向目标点(400,100)移动，同时呈现淡出及放大效果。示例 3-16 中，由于 3 个动作设置的时间皆为 2 秒，所以会同时完成。但是，要运行的动作设置的时间不同时，每个动作会在设置时间内完成。将示例 3-16 中 action_0 的时间设置为 1 秒、action_1 的时间设置为 2 秒、action_2 的时间设置为 3 秒，运行时，第一秒内同时进行 3 个动作，即同时移动、淡出、放大。1 秒后到达指定位置并停止，在停止状态淡出、放大。第二秒后，淡出效果完成，此时透明度为 0，已处于不可见状态，但仍然会再执行 1 秒完成放大操作。

3.3.3 逆动作

逆（reverse）动作用于获得与原动作相反的动作。

示例 3-17 `init()`

```cpp
bool HelloWorld::init()
{
    if ( !Layer::init() )
    {
```

```
        return false;
    }

    auto spr = Sprite::create("ball.png");
    spr->setPosition(Point(100, 100));
    this->addChild(spr);

    auto action_0 = MoveBy::create(2.0, Point(400, 100));
    auto action_1 = action_0->reverse();
    auto action_2 = Sequence::create(action_0, action_1, NULL);
    spr->runAction(action_2);

    return true;
}
```

auto action_1 = action_0->reverse();

上面语句用于获取与 action_0 相反的动作。

示例 3-17 中，图像移动到目标点后，沿原路返回原位。逆动作就是这样反向执行原动作，但逆动作仅应用于可以反向执行的动作。比如，如果示例中的 action_0 为 MoveTo 而非 MoveBy，虽然运行时代码没有错误，但第一个动作执行完成，执行第二个逆动作时，图像将不会有任何变化。这是因为，不能对向绝对位置(400, 100)移动的动作执行逆动作。通常向以 By 结尾的动作应用逆动作，才能得到正常的相反动作。

3.3.4 延时动作

延时（DelayTime）动作是在指定时间内"什么都不做"的动作，常用于执行两个以上的序列动作。

示例 3-18 init()

```
bool HelloWorld::init()
{
    if ( !Layer::init() )
    {
        return false;
    }

    auto spr = Sprite::create("ball.png");
    spr->setPosition(Point(100, 100));
    this->addChild(spr);

    auto action_0 = MoveTo::create(2.0, Point(400, 100));
```

```cpp
    auto action_1 = DelayTime::create(3.0);
    auto action_2 = MoveTo::create(1.0, Point(50, 50));
    auto action_3 = Sequence::create(action_0, action_1, action_2,
        NULL);
    spr->runAction(action_3);

    return true;
}
```

```cpp
auto action_1 = DelayTime::create(3.0);
```

上述语句用于创建 DelayTime 动作，等待时间设为 3 秒。

运行示例 3-18，图像移动到(400, 100)后等待 3 秒，"什么也不做"，然后移动到(50, 50)。

3.3.5 重复、无限重复动作

重复（Repeat）动作用于按指定次数重复指定动作。无限重复（RepeatForever）动作与重复动作类似，只是不需要另行指定重复次数，指定的动作会一直重复执行。无限重复动作常用于制作动画。

示例 3-19 `init()`

```cpp
bool HelloWorld::init()
{
    if ( !Layer::init() )
    {
        return false;
    }

    auto spr = Sprite::create("ball.png");
    spr->setPosition(Point(100, 100));
    this->addChild(spr);

    auto action_0 = MoveBy::create(1.0, Point(200, 100));
    auto action_1 = action_0->reverse();
    auto action_2 = Sequence::create(action_0, action_1, NULL);
    auto action_3 = Repeat::create(action_2, 5);
    spr->runAction(action_3);

    return true;
}
```

```cpp
auto action_3 = Repeat::create(action_2, 5);
```

上述语句用于创建 Repeat 动作，将 action_2 动作重复 5 次。

示例 3-19 中，(100,100)处的图像先移动到(200,100)，再调用 reverse()方法获取逆动作返回原位置。将这 2 个动作组合为序列动作，通过重复动作执行 5 次。无限重复动作的使用方法与重复动作相同，但使用时不需要指定重复次数，会一直重复执行指定的动作。

3.3.6 变速动作

变速（Ease）动作使动作速度不再恒定不变，而会施加特定加速度。

1. In、Out、InOut 动作

根据相关动作应用的时机，变速动作可以分为 In、Out、InOut 这 3 种动作。In 动作应用于相关变速动作的前半部分，Out 动作应用于后半部分，InOut 动作应用于前半部分与后半部分。此处所说的动作"前半部分"与"后半部分"是指动作执行时间内的开始部分与结束部分。

2. EaseIn、EaseOut、EaseInOut

这 3 个变速动作用于降低动作速度。EaseIn 动作在前半部分降低动作速度，越往后变化速度越快。EaseOut 动作在前半部分变化很快，越往后变化越慢。EaseInOut 动作在前面部分变化较慢，运行到一半时变得很快，然后越来越慢。此外，对于变速动作，可以直接输入加速度比率。加速度比率为 1 时匀速移动，比率越大，慢速部分与快速部分差异越大。

示例 3-20　init()

```
bool HelloWorld::init()
{
    if ( !Layer::init() )
    {
        return false;
    }

    auto spr = Sprite::create("ball.png");
    spr->setPosition(Point(100, 100));
    this->addChild(spr);

    auto action_0 = MoveTo::create(1.0, Point(450, 100));
    auto action_1 = EaseIn::create(action_0, 3.0);
    spr->runAction(action_1);

    return true;
}
```

auto action_1 = EaseIn::create(action_0, 3.0);

上述代码创建 EaseIn 动作，并将 action_0（MoveTo 动作）的加速比率设为 3.0。

示例 3-20 中，MoveTo 动作先将图像从(100, 100)移动到(450, 100)，再将变速动作应用到移动动作。

示例 3-20 向移动动作应用了变速动作，执行并以 0.1 秒为单位输出，如图 3-12 中的白色图像所示。上方的红色图像是直接执行 MoveTo 动作的显示结果，注意，此时并未向其应用变速动作。2 个动作的移动时间相同，到达目的地的时间相同，但由于 EaseIn 动作在前半部分移动缓慢，所以前半部分的图像比较集中，而 MoveTo 动作为匀速移动，所以显示的图像比较均匀。接下来，将示例 3-20 中的加速度比率由 3.0 修改为 1.0，然后运行。

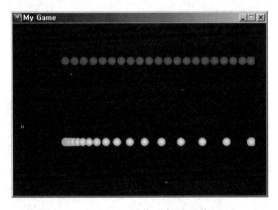

图 3-12　EaseIn 动作（加速比率 3.0）

如图 3-13 所示，将加速比率修改为 1.0 后，EaseIn 动作的移动效果与 MoveTo 动作非常类似。接下来把示例 3-20 中的 EaseIn 动作更改为 EaseOut，加速比率重新设置为 3.0，再次运行。

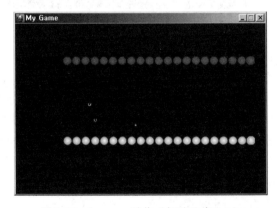

图 3-13　EaseIn 动作（加速比率 1.0）

观察图 3-14 中图像的移动轨迹，可以看到刚开始图像移动得非常快，越往后移动越慢。最后，将示例 3-20 中的 EaseOut 动作更改为 EaseInOut 动作，再次运行。

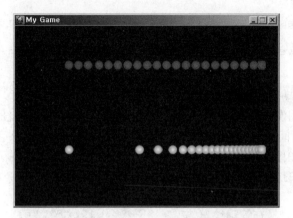

图 3-14　EaseOut 动作（加速比率 3.0）

从图 3-15 中可以看到，刚开始图像移动得较慢，中间部分移动得非常快，然后又移动得较慢。

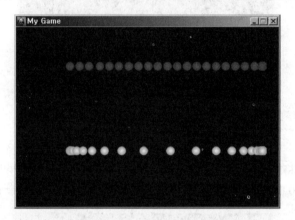

图 3-15　EaseInOut（加速比率 3.0）

3. EaseSineIn、EaseSineOut、EaseSineInOut

EaseSine 动作中，逐渐变慢的部分与快速变化的部分差别较小，与加速比率为 1.5 的 Ease 动作产生的移动效果类似。

示例 3-21　init()

```
bool HelloWorld::init()
{
    if ( !Layer::init() )
    {
        return false;
    }

    auto spr = Sprite::create("ball.png");
```

```
    spr->setPosition(Point(100, 100));
    this->addChild(spr);

    auto action_0 = MoveTo::create(1.0, Point(450, 100));
    auto action_1 = EaseSineIn::create(action_0);
    spr->runAction(action_1);

    return true;
}
```

`auto action_1 = EaseSineIn::create(action_0);`

上述语句使用 action_0（MoveTo 动作）创建 EaseSineIn 动作。

示例 3-21 移动图像时应用了 EaseSineIn 动作。

从图 3-16 中可以看到，虽然图像在前半部分移动较慢，后半部分移动较快，但两部分的快慢差别不是很大。

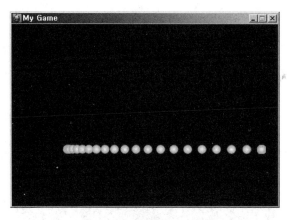

图 3-16　EaseSineIn 动作

4. **EaseExponentialIn、EaseExponentialOut、EaseExponentialInOut**

EaseExponential 动作中，逐渐变慢的部分与快速变化的部分差别相当大，与加速比率为 6.5 的 Ease 动作产生的效果类似。

示例 3-22　init()

```
bool HelloWorld::init()
{
    if ( !Layer::init() )
    {
        return false;
```

```
    }
    
    auto spr = Sprite::create("ball.png");
    spr->setPosition(Point(100, 100));
    this->addChild(spr);
    
    auto action_0 = MoveTo::create(1.0, Point(450, 100));
    auto action_1 = EaseExponentialIn::create(action_0);
    spr->runAction(action_1);
    
    return true;
}
```

auto action_1 = EaseExponentialIn::create(action_0);

上述代码使用 action_0（MoveTo 动作）创建 EaseExponentialIn 动作。

示例 3-22 移动图像时应用了 EaseExponentialIn 动作。

从图 3-17 中可以看到，图像在前半部分移动非常慢，然后突然变快，前后变化差别非常大。

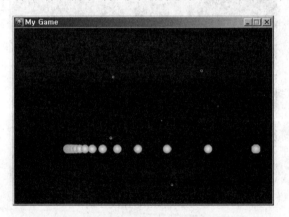

图 3-17　EaseExponentialIn 动作

5. **EaseElasticIn**、**EaseElasticOut**、**EaseElasticInOut**

EaseElastic 动作产生类似橡皮筋的弹跳效果。执行 EaseElasticIn 动作时，先像橡皮筋一样在起始点前后弹跳，然后快速移动到目标点。执行 EaseElasticOut 动作时，开始快速向目标点移动，到达目标点后，在目标点前后进行弹跳运动。

示例 3-23　init()

```
bool HelloWorld::init()
{
    if ( !Layer::init() )
```

```
{
    return false;
}

auto spr = Sprite::create("ball.png");
spr->setPosition(Point(100, 100));
this->addChild(spr);

auto action_0 = MoveTo::create(1.0, Point(450, 100));
auto action_1 = EaseElasticIn::create(action_0);
spr->runAction(action_1);

return true;
}
```

auto action_1 = EaseElasticIn::create(action_0);

上述语句使用 action_0（MoveTo 动作）创建 EaseElasticIn 动作。

示例 3-23 使用 EaseElasticIn 动作移动图像。

从图 3-18 中可以看到，小球先在起始点左右反复移动几次，然后快速移动到目标点。

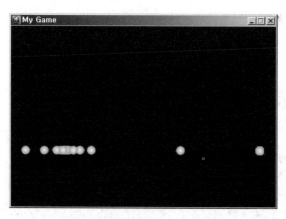

图 3-18 EaseElasticIn 动作

6. **EaseBackIn、EaseBackOut、EaseBackInOut**

EaseBack 动作在从起点开始移动时或移动到终点后产生回力效果。向 Move 动作应用 EaseBackIn 动作，执行时在起点处先向前移动一段距离，然后向终点移动；应用 EaseBackOut 动作，执行时节点对象直接移动到并超过终点，然后回到终点。EaseBackInOut 动作可以在起点与终点处同时产生回力，执行时先在起点处向前移动一段距离，然后移动到并超过终点，再回到终点。

示例 3-24 `init()`

```cpp
bool HelloWorld::init()
{
    if ( !Layer::init() )
    {
        return false;
    }

    auto spr = Sprite::create("ball.png");
    spr->setPosition(Point(100, 100));
    this->addChild(spr);

    auto action_0 = MoveTo::create(1.0, Point(450, 100));
    auto action_1 = EaseBackIn::create(action_0);
    spr->runAction(action_1);

    return true;
}
```

auto action_1 = EaseBackIn::create(action_0);

上述语句使用 action_0（MoveTo 动作）创建 EaseBackIn 动作。

示例 3-24 使用 EaseBackIn 动作移动图像。从图 3-19 中可以看到，小球先在起点(100, 100)处向前移动了一段距离（约至(50, 100)处），然后移动到终点。

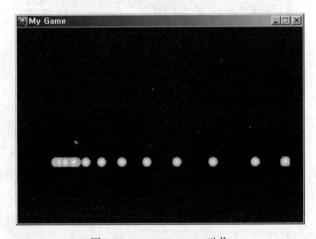

图 3-19　EaseBackIn 动作

7. **EaseBounceIn**、**EaseBounceOut**、**EaseBounceInOut**

EaseBounce 动作产生皮球一样的弹跳效果。

示例 3-25　EaseBounceOut 动作

```
bool HelloWorld::init()
{
    if ( !Layer::init() )
    {
        return false;
    }

    auto spr = Sprite::create("ball.png");
    spr->setPosition(Point(240, 300));
    this->addChild(spr);

    auto action_0 = MoveTo::create(1.0, Point(240, 50));
    auto action_1 = EaseBounceOut::create(action_0);
    spr->runAction(action_1);

    return true;
}
```

auto action_1 = EaseBounceOut::create(action_0);

上述语句使用 action_0（MoveTo 动作）创建 EaseBounceOut 动作。

示例 3-25 先创建了 MoveTo 动作，将小球从上到下移动，然后向该动作应用 EaseBounceOut 动作。从图 3-20 中可以看到，小球自上而下移动，到达终点后产生反弹力，就像跌落到地面上的皮球。

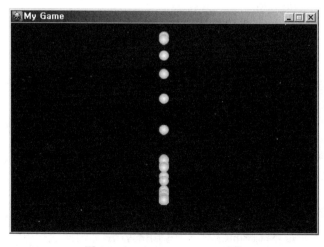

图 3-20　EaseBounceOut 动作

3.3.7 CallFunction动作

CallFunction 动作用于调用方法，不单独使用，一般用于复合动作。根据参数不同，可以把 CallFunction 动作分为 CallFunc、CallFuncN 等。CallFunc 调用的方法不包含参数，CallFuncN 调用的方法包含表示执行动作对象的参数。练习 CallFunction 动作之前，先在头文件中声明要调用的方法。

示例 3-26　HelloWorldScene.h

```
#ifndef __HELLOWORLD_SCENE_H__
#define __HELLOWORLD_SCENE_H__

#include "cocos2d.h"

USING_NS_CC;

class HelloWorld : public Layer
{
public:

    static Scene* createScene();

    virtual bool init();
    CREATE_FUNC(HelloWorld);

    void setCallFunc_0();
    void setCallFunc_1(Ref *sender);
    void setCallFunc_2(Ref *sender, void *d);
    void setCallFunc_3(Ref *sender, Ref *object);
};

#endif
```

示例 3-26 是 HelloWorldScene.h 文件，内部声明了 CallFunction 动作要调用的方法。下面逐行分析代码。

void setCallFunc_0();

setCallFunc_0() 是 CallFunc 动作要调用的方法，不带有参数。

void setCallFunc_1(Ref *sender);

setCallFunc_1() 是 CallFuncN 动作要调用的方法，带有接收执行动作对象的参数。因此，setCallFuncN() 方法的参数应为 Ref 类型。

```
void setCallFunc_2(Ref *sender, void *d);
```

setCallFunc_2()是CallFuncN动作要调用的方法,带有两个参数,一个为执行动作的对象,另一个为自定义参数。因此,CallFuncN()方法的参数应为Ref类型与void类型。

```
void setCallFunc_3(Ref *sender, Ref *object);
```

setCallFunc_3()方法也带有两个参数,一个为执行动作的对象,另一个为用户自定义对象。

示例 3-27　HelloWorldScene.cpp

```cpp
void HelloWorld::setCallFunc_0()
{
    CCLOG("HelloWorld::setCallFunc_0()");
}

void HelloWorld::setCallFunc_1(Ref *sender)
{
    CCLOG("HelloWorld::setCallFunc_1()");
}

void HelloWorld::setCallFunc_2(Ref *sender, void *d)
{
    CCLOG("HelloWorld::setCallFunc_2()");
}

void HelloWorld::setCallFunc_3(Ref *sender, Ref *object)
{
    CCLOG("HelloWorld::setCallFunc_3()");
}
```

示例3-27是示例3-26声明的方法的具体实现,功能很简单,只把各方法的名称输出到调试窗口。

1. CallFunc

CallFunc动作仅用于调用不包含参数的方法。调用create()方法创建CallFunc动作时,参数为CC_CALLBACK_0回调类型,表示不必传入参数,只指定调用的方法与目标。除了特殊情况,目标一般都是this。CallFunc动作中,根据参数不同,所用的回调类型也不同。不需要传入参数时使用CC_CALLBACK_0,输入调用方法的名称时不要添加(),只给出方法名称即可。

示例 3-28　init()

```cpp
bool HelloWorld::init()
{
    if ( !Layer::init() )
```

```
    {
        return false;
    }
    
    auto spr = Sprite::create("ball.png");
    spr->setPosition(Point(100, 100));
    this->addChild(spr);
    
    auto action_0 = MoveTo::create(3.0, Point(400, 100));
    auto action_1 = DelayTime::create(3.0);
    auto action_2 = CallFunc::create(CC_CALLBACK_0
        (HelloWorld::setCallFunc_0, this));
    auto action_3 = Sequence::create(action_0, action_1, action_2,
        NULL);
    spr->runAction(action_3);
    
    return true;
}
```

示例 3-28 使用 CallFunction 等 3 个动作创建了序列动作。下面逐行分析代码。

`auto action_0 = MoveTo::create(3.0, Point(400, 100));`

上述语句创建 MoveTo 动作，3 秒内将对象移动到(400, 100)。

`auto action_1 = DelayTime::create(3.0);`

上述代码创建 DelayTime 动作，等待 3 秒。

`auto action_2 = CallFunc::create(CC_CALLBACK_0`
`(HelloWorld::setCallFunc_0, this));`

上述语句创建调用 setCallFunc_0() 方法的 CallFunc 动作。

使用以上 3 个动作创建序列动作并执行。运行示例 3-28 后，图像先移动到指定位置，等待 3 秒，然后调用 setCallFunc_0() 方法向调试窗口输出日志。

2. CallFuncN

CallFuncN 动作调用方法时，通过参数接收执行动作的对象及其他特定值。首先实现仅接收运行对象的 CallFunc。

示例 3-29 init()

```
bool HelloWorld::init()
{
    if ( !Layer::init() )
    {
```

```cpp
        return false;
    }
    
    auto spr = Sprite::create("ball.png");
    spr->setPosition(Point(100, 100));
    this->addChild(spr);
    
    auto action_0 = MoveTo::create(3.0, Point(400, 100));
    auto action_1 = DelayTime::create(3.0);
    auto action_2 = CallFuncN::create(CC_CALLBACK_1
        (HelloWorld::setCallFunc_1, this));
    auto action_3 = Sequence::create(action_0, action_1, action_2,
        NULL);
    spr->runAction(action_3);
    
    return true;
}
```

示例 3-30 setCallFunc_1()

```cpp
void HelloWorld::setCallFunc_1(Ref *sender)
{
    CCLOG("HelloWorld::setCallFunc_1()");
    
    auto spr = (Sprite*)sender;
    spr->setScale(2.0);
}
```

示例 3-29 与示例 3-28 基本一致。

```cpp
auto action_2 = CallFuncN::create(CC_CALLBACK_1(
HelloWorld::setCallFunc_1, this));
```

不同之处在于上述代码，示例 3-29 调用 setCallFunc_1() 方法时，使用的是 CallFuncN 动作而非 CallFunc 动作。此时使用 CC_CALLBACK_1 回调类型，没有另外输入执行动作的对象。

示例 3-29 中执行 CallFuncN 动作的对象为 Spr ("精灵"对象)，以参数形式传给 sender。示例 3-30 将 sender 类型转换为"精灵"对象，然后调用缩放方法将图像放大 2 倍。运行示例代码可以看到，小球先移动到指定位置，等待 3 秒，然后向调试窗口输出日志，再将执行动作的 spr 放大 2 倍。

创建 CallFuncN 动作时，除了接收执行动作的对象外，还可以接收其他特定值。同样，执行动作的对象不需要另行输入，额外输入值应为 void 型，所以输入时要把输入值转换为 void 类型。

示例 3-31　init()

```
bool HelloWorld::init()
{
    if ( !Layer::init() )
    {
        return false;
    }

    auto spr = Sprite::create("ball.png");
    spr->setPosition(Point(100, 100));
    this->addChild(spr);

    auto action_0 = MoveTo::create(3.0, Point(400, 100));
    auto action_1 = DelayTime::create(3.0);
    auto action_2 = CallFuncN::create(CC_CALLBACK_1
        (HelloWorld::setCallFunc_2, this, (void*)"Cocos2d-x"));
    auto action_3 = Sequence::create(action_0, action_1, action_2,
        NULL);
    spr->runAction(action_3);

    return true;
}
```

示例 3-32　setCallFunc_2()

```
void HelloWorld::setCallFunc_2(Ref *sender, void *d)
{
    CCLOG("HelloWorld::setCallFunc_2() = %s", (char*)d);

    auto spr = (Sprite*)sender;
    spr->setScale(2.0);
}
```

```
auto action_2 = CallFuncN::create(CC_CALLBACK_1(
HelloWorld::setCallFunc_2, this, (void*)"Cocos2d-x"));
```

示例 3-31 创建 CallFuncN 动作时，除了接收执行动作的对象外，还接收 Cocos2d-x 字符串。此时所用的回调类型为 CC_CALLBACK_1，即使有执行动作的对象与某些特定值传入，但由于不需要输入执行动作的对象，所以要使用 CC_CALLBACK_1 回调类型，而不是 CC_CALLBACK_2 回调类型。并且，因为额外输入的值应为 void 型，所以输入时要把字符串转换为 void 类型。

示例 3-32 将执行动作的对象放大 2 倍，并将额外输入的值输出为日志。下面利用 CallFuncN 动作传递执行动作的对象和其他指定对象。

示例 3-33 init()

```
bool HelloWorld::init()
{
    if ( !Layer::init() )
    {
        return false;
    }

    auto spr = Sprite::create("ball.png");
    spr->setPosition(Point(100, 100));
    this->addChild(spr);

    auto spr_2 = Sprite::create("ball.png");
    spr_2->setPosition(Point(200, 200));
    this->addChild(spr_2);

    auto action_0 = MoveTo::create(3.0, Point(400, 100));
    auto action_1 = DelayTime::create(3.0);
    auto action_2 = CallFuncN::create(CC_CALLBACK_1
        (HelloWorld::setCallFunc_3, this, spr_2));
    auto action_3 = Sequence::create(action_0, action_1, action_2,
        NULL);
    spr->runAction(action_3);

    return true;
}
```

示例 3-34 setCallFunc_3()

```
void HelloWorld::setCallFunc_3(Ref *sender, Ref *object)
{
    CCLOG("HelloWorld::setCallFunc_3()");

    auto spr = (Sprite*)sender;
    spr->setScale(2.0);

    auto spr_2 = (Sprite*)object;
    spr_2->setScale(3.0);
}
```

```
auto spr_2 = Sprite::create("ball.png");
spr_2->setPosition(Point(200, 200));
this->addChild(spr_2);
```

上述代码用于在(200, 200)处创建 spr_2 对象（"精灵"类型）。

```
auto action_2 = CallFuncN::create(CC_CALLBACK_1(
HelloWorld::setCallFunc_3, this, spr_2));
```

上述语句创建 CallFuncN 动作，并以参数形式传入 spr_2 对象。

示例 3-34 将执行动作的对象放大 2 倍，把以参数形式传入的对象放大 3 倍。运行示例 3-34 可以看到，(100, 100)处的小球先移动到指定位置，等待 3 秒，然后向调试窗口输出字符串，再分别将(400, 100)处的小球放大 2 倍，将(200, 200)处的小球放大 3 倍。

3.4 小结

动作功能是 Cocos2d-x 最大的优势所在，本章主要学习了动作功能相关内容。Cocos2d-x 提供了多种动作，灵活使用这些动作能够创建多种动态效果，使游戏制作更加简单。第 4 章将学习如何创建画面与层，以及画面的切换方法。

第 4 章 游戏画面切换

游戏一般由多个画面（Scene）组成，而 1 个画面又往往由多个层（Layer）组成。本章将学习如何创建新画面与切换画面，以及向一个画面添加新层的方法。另外，还将学习 Cocos2d-x 为画面切换提供的各种效果等内容。

| 本章主要内容 |

- 创建新画面与层
- 画面切换
- 应用画面切换效果

4.1 创建新画面

我们已经创建了用作练习的基本项目,本章将以它为基础创建新画面。由于创建新画面是在 HelloWorld 类基础上进行的,所以先修改 HelloWorld 类。

示例 4-1　MenuScene.h

```cpp
#ifndef __MENU_SCENE_H__
#define __MENU_SCENE_H__

#include "cocos2d.h"

USING_NS_CC;

class MenuScene : public Layer
{
public:

    static Scene* createScene();

    virtual bool init();
    CREATE_FUNC(MenuScene);
};

#endif
```

示例 4-1 中,先将防止重复引用的定义修改为 MENU_SCENE_H,再将类名由 HelloWorld 修改为 MenuScene,最后把文件名修改为 MenuScene.h。简单修改头文件后,再修改其对应的实现文件(cpp 文件)。

示例 4-2　MenuScene.cpp

```cpp
#include "MenuScene.h"

Scene* MenuScene::createScene()
{
    auto scene = Scene::create();

    auto layer = MenuScene::create();
    scene->addChild(layer);

    return scene;
}
```

4.1 创建新画面

```cpp
bool MenuScene::init()
{
    if ( !Layer::init() )
    {
        return false;
    }

    return true;
}
```

示例 4-2 是 MenuScene.cpp 文件，它是根据前面的头文件而对 HelloWorldScene.cpp 文件进行修改得到的。首先把引用的头文件名称修改为 MenuScene.h，把类名称统一修改为 MenuScene，然后把文件名称修改为 MenuScene.cpp。经过以上修改，编写好 MenuScene.h 与 MenuScene.cpp 之后，接下来添加新的画面类。先复制 MenuScene.h 与 MenuScene.cpp 文件，然后将它们的名称分别修改为 GameScene.h 与 GameScene.cpp，并添加到项目。

示例 4-3 GameScene.h

```cpp
#ifndef __GAME_SCENE_H__
#define __GAME_SCENE_H__

#include "cocos2d.h"

USING_NS_CC;

class GameScene : public Layer
{
public:

    static Scene* createScene();

    virtual bool init();
    CREATE_FUNC(GameScene);
};

#endif
```

示例 4-4 GameScene.cpp

```cpp
#include "GameScene.h"

Scene* GameScene::createScene()
{
```

```cpp
    auto scene = Scene::create();

    auto layer = GameScene::create();
    scene->addChild(layer);

    return scene;
}

bool GameScene::init()
{
    if ( !Layer::init() )
    {
        return false;
    }

    return true;
}
```

如示例 4-1 和示例 4-2 所示，在示例 4-3 和示例 4-4 中，把 MenuScene 类及文件名修改为 GameScene，从而轻松创建 GameScene 类。另外，修改 HelloWorldScene.h 名称与 HelloWorld 类名后，AppDelegate.cpp 中的 include 文件也要做相应修改，原先在 applicationDidFinishLaunching() 方法中使用的 HelloWorld 类也要修改为新类，将其分别修改为 MenuScene.h 与 MenuScene。

4.2 画面切换

4.1 节创建了 2 个画面类，下面学习画面切换相关内容。切换画面时可以使用 replaceScene() 方法，也可以使用 pushScene()、popScene() 方法。

4.2.1 replaceScene

调用 replaceScene() 方法切换画面时，先创建新画面并切换，然后将之前的画面类从内存中删除。比如，从画面 A 切换到画面 B 时，切换到画面 B 后，画面 A 类将从内存中删除。再次切换到画面 A 时，会重新在内存中创建画面 A，画面切换后，再将画面 B 的类从内存中删除。这样，切换画面时不使用的画面类会从内存中删除，这会大大提高内存的利用效率，但同时会带来一些问题。比如，需要将画面切换到之前的画面时，需要重新创建之前的画面，并且是全新的画面，之前的画面状态也将不存在。

```
Director::getInstance()->replaceScene(scene);
```

上述代码用于切换画面，参数 scene 指定要切换到的画面。通常，调用创建画面类的

createScene()方法即可创建要切换的场景画面。

下面编写代码,利用Menu实现画面切换。

示例 4-5　MenuScene.h

```
#ifndef __MENU_SCENE_H__
#define __MENU_SCENE_H__

#include "cocos2d.h"

USING_NS_CC;

class MenuScene : public LayerColor
{
public:

    static Scene* createScene();

    virtual bool init();
    CREATE_FUNC(MenuScene);

    void changeScene(Ref *sender);
};

#endif
```

示例 4-6　MenuScene.cpp

```
#include "MenuScene.h"
#include "GameScene.h"

Scene* MenuScene::createScene()
{
    auto scene = Scene::create();

    auto layer = MenuScene::create();
    scene->addChild(layer);

    return scene;
}

bool MenuScene::init()
{
    if ( !LayerColor::initWithColor(Color4B(0, 0, 255, 255)) )
    {
```

```cpp
        return false;
    }
    
    auto item = MenuItemFont::create("Game Scene",
        CC_CALLBACK_1(MenuScene::changeScene, this));
    
    auto menu = Menu::create(item, NULL);
    menu->alignItemsHorizontally();
    this->addChild(menu);
    
    return true;
}

void MenuScene::changeScene(Ref *sender)
{
    Director::getInstance()->replaceScene(GameScene::createScene());
}
```

示例4-5与示例4-6是实现画面切换的代码，下面进行逐行分析。

```cpp
if ( !LayerColor::initWithColor(Color4B(0, 0, 255, 255)) )
```

上述代码设置画面背景颜色。为了更好地观看画面切换效果，MenuScene 类继承 LayerColor 类而非 Layer 类，然后在 init() 方法中把画面背景颜色更改为蓝色。

```cpp
auto item = MenuItemFont::create("Game Scene",
CC_CALLBACK_1(MenuScene::changeScene, this));
```

上述代码创建菜单项，单击菜单调用 changeScene() 方法切换画面。

```cpp
void MenuScene::changeScene(Ref *sender)
{
    Director::getInstance()->replaceScene(GameScene::createScene());
}
```

在 changeScene() 方法中调用 replaceScene() 方法具体实现画面切换。

如示例4-5和示例4-6所示，GameScene.h 与 GameScene.cpp 中也添加了 changeScene() 方法，GameScene 将场景从当前"GameScene"切换到"MenuScene"。创建 GameScene 类时，使之继承 Layer 类非 LayerColor。运行程序，显示 Game Scene 菜单，背景为蓝色，如图4-1所示。

图 4-1　MenuScene 画面

然后单击 Game Scene 菜单。

图 4-2　MenuScene 画面

单击 Game Scene 菜单切换到 MenuScene 画面，背景为黑色，如图 4-2 所示。像这样使用 replaceScene() 方法即可顺利完成画面切换。

4.2.2　**pushScene、popScene**

顾名思义，pushScene()、popScene() 方法使用栈结构进行画面切换操作。pushScene() 方法通过参数接收新画面类，执行该方法即可将画面切换到指定的新画面。此时，先前的画面类（场景类）只是隐藏起来，而不会从内存中删除。popScene() 方法没有参数，能够将当前显示的画面类从内存中删除，然后自动显示之前隐藏的画面类，且保留之前的状态。

如图 4-3 所示，若当前显示的画面为 A，调用 pushScene() 方法将画面 B 压入栈，并使其显示为当前画面。

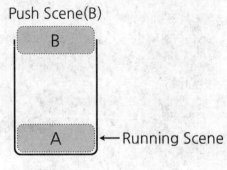

图 4-3 Push Scene

如图 4-4 所示，通过 pushScene() 方法使画面 B 显示为当前画面，但画面 A 的类仍然存在于栈中。

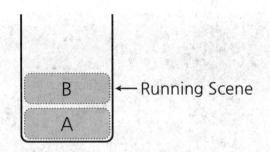

图 4-4 更改当前显示的场景

如图 4-5 所示，调用 popScene() 方法将当前显示的画面 B 从栈中弹出（即从内存中删除），然后画面 A 重新显示为当前画面。

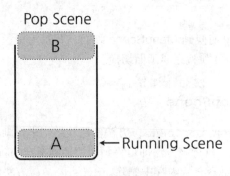

图 4-5 Pop Scnene

```
Director::getInstance()->pushScene(pScene)
Director::getInstance()->popScene()
```

pushScene()、popScene()的使用方法与replaceScene()类似。

示例 4-7 MenuScene.cpp 中的 changeScene() 方法

```
void MenuScene::changeScene(Ref *sender)
{
    Director::getInstance()->pushScene(GameScene::createScene());
}
```

示例 4-8 GameScene.cpp 中的 changeScene() 方法

```
void GameScene::changeScene(Ref *sender)
{
    Director::getInstance()->popScene();
}
```

示例 4-7 和示例 4-8 使用 pushScene()、popScene() 取代了 replaceScene() 方法。运行示例即可得到与使用 replaceScene() 方法相同的画面切换效果。

4.3 设置画面切换效果

Cocos2d-x 为画面切换提供了多种切换效果，但由于 popScene() 方法不具备 Scene 参数，所以无法应用。这些效果仅应用于 replaceScene() 方法和 pushScene() 方法。

4.3.1 画面切换效果类型

Cocos2d-x 为画面切换提供了多种切换效果，可以分为如下几类，下面分别讲解。

Fade

- `TransitionFade`：以渐变过渡方式切换 2 个画面。
- `TransitionCrossfade`：以交错渐变过渡方式切换 2 个画面。
- `TransitionFadeUp`：以向上百叶窗方式切换 2 个画面。
- `TransitionFadeDown`：以向下百叶窗方式切换 2 个画面。
- `TransitionFadeBL`：当前场景以方块形式从右上角向左下角消失到另一场景。
- `TransitionFadeTR`：当前场景以方块形式从左下角向右上角消失到另一场景。

Flip

- `TransitionFlipAngular`：从当前场景翻转消失到另一场景。
- `TransitionFlipX`：沿 X 轴从当前场景翻转消失到另一场景。
- `TransitionFlipY`：沿 Y 轴从当前场景翻转消失到另一场景。

Zoom

- `TransitionJumpZoom`：画面切换时，当前场景变小向左跳出，新画面从右侧跳入后放大。
- `TransitionRotoZoom`：画面切换时，当前画面向中心缩小并旋转消失，新画面放大并旋转显现。

ZoomFlip

- `TransitionZoomFlipAngular`：带有缩放效果且从画面中心倾斜旋转。
- `TransitionZoomFlipX`：带有缩放效果且从画面中心沿 X 轴旋转。
- `TansitionZoomFlipY`：带有缩放效果且从画面中心沿 Y 轴旋转。

MoveIn

- `TransitionMoveInB`：新画面自下而上覆盖出现。
- `TransitionMoveInT`：新画面自上而下覆盖出现。
- `TransitionMoveInL`：新画面从左向右覆盖出现。
- `TransitionMoveInR`：新画面从右向左覆盖出现。

SlideIn

- `TransitionSlideInB`：新画面自下而上推出当前画面。
- `TransitionSlideInT`：新画面自上而下推出当前画面。
- `TransitionSlideInL`：新画面从左向右推出当前画面。
- `TransitionSlideInR`：新画面从右向左推出当前画面。

Progress

- `TransitionProgressHorizontal`：新画面从左向右消失经过。
- `TransitionProgressVertical`：新画面自上而下经过。
- `TransitionProgressRadialCW`：新画面顺时针旋转出现。
- `TransitionProgressRadialCCW`：新画面逆时针旋转出现。
- `TransitionProgressInOut`：新画面从中间放大出现。
- `TransitionProgressOutIn`：新画面向中心缩小出现。

Split

- `TransitionSplitCols`：2 个画面竖条切换进入。
- `TransitionSplitRows`：2 个画面横条切换进入。

其他

- `TransitionPageTurn`：采用翻页效果切换画面。
- `TransitionTurnOffTiles`：当前画面以方块形式消失到另一画面。
- `TransitionShrinkGrow`：2 个画面切换时，缩小出去的画面，放大进入的画面。

4.3.2 应用画面切换效果

首先使用 replaceScene() 方法切换画面,但不应用任何切换效果,如示例 4-7 所示。

Director::getInstance->replaceScene(GameScene::createScene());

如上所述,不应用画面效果时,可以把要切换到的 Scene 作为参数直接传入 replaceScene() 方法。而应用画面切换效果时,要先单独创建 Scene,然后再作为参数传入 replaceScene() 方法,操作如下。

auto scene = GameScene::createScene();
Director::getInstance->replaceScene(scene);

如上所示,调用 replaceScene() 方法时,并未直接将 Scene::createScene() 作为参数传入,而是先创建 scene,再将其作为参数传入 replaceScene() 方法。

下面应用画面切换效果。

示例 4-9 修改 MenuScene.cpp 的 changeScene() 方法

```
void MenuScene::changeScene(Ref *sender)
{
    auto scene = TransitionCrossFade::create(3.0,
       GameScene::createScene());
    Director::getInstance()->replaceScene(scene);
}
```

auto scene = TransitionCrossFade::create(3.0, GameScene::createScene());
Director::getInstance->replaceScene(scene);

上面第一行代码先创建 TransitionCrossFade 画面切换效果,创建时要指定切换时间及 Scene。

这样就能轻松应用画面切换效果。

4.4 添加新层

下面创建新层并将其添加到 HelloWorld 层。

示例 4-10 MenuLayer.h

```
#ifndef __MENU_LAYER_H__
#define __MENU_LAYER_H__

#include "cocos2d.h"
```

```cpp
USING_NS_CC;

class MenuLayer : public Layer
{
public:

    virtual bool init();
     CREATE_FUNC(MenuLayer);
};

#endif
```

示例 4-11   MenuLayer.cpp

```cpp
#include "MenuLayer.h"

bool MenuLayer::init()
{
    if ( !Layer::init() )
    {
        return false;
    }

    CCLOG("MenuLayer::init()");

    return true;
}
```

示例 4-10 与示例 4-11 是在 HelloWorldScene.h 与 HelloWorldScene.cpp 基础上修改而成的源代码，仅删除了创建场景的 createScene() 方法。接下来，向 HelloWorld 类添加 MenuLayer 类。

示例 4-12   添加 MenuLayer 的 HelloWorldScene.cpp

```cpp
#include "HelloWorldScene.h"
#include "MenuLayer.h"

Scene* HelloWorld::createScene()
{
    auto scene = Scene::create();

    auto layer = HelloWorld::create();
    scene->addChild(layer);

    return scene;
}
```

```
bool HelloWorld::init()
{
    if ( !Layer::init() )
    {
        return false;
    }

    CCLOG("HelloWorld::init()");

    auto layer = MenuLayer::create();
    this->addChild(layer);

    return true;
}
```

```
auto layer = MenuLayer::create();
this->addChild(layer);
```

上面第一行代码调用 create() 方法，然后调用 addChild() 方法添加。像上面这样添加层并运行示例，MenuLayer.cpp 中的字符串就会输出到调试窗口。

4.5 小结

本章学习了创建、添加新画面及层的方法，还学习了画面切换及应用画面切换效果的方法。第 5 章将继续学习处理画面触摸事件以及碰撞检测的方法。

触摸事件与碰撞检测

与 PC 游戏不同，用户玩移动游戏时使用的不是鼠标与键盘，而是触摸屏幕。并且，大多数情况下，游戏都要使用用户在触摸屏上的触摸位置。本章将学习触摸事件相关内容，包括触摸事件分类、触摸事件的使用方法等。此外，还将学习检测触摸与否及对象间碰撞检测的方法。

| 本章主要内容 |

- 触摸事件类型与用法
- 实现碰撞检测的方法

5.1 触摸事件

触摸事件大致分为多点触摸事件与单点触摸事件。多点触摸事件中，用户同时触摸多个位置，这些位置信息都会被保存起来；而单点触摸事件中，只使用最后一个触摸点的位置信息。

5.1.1 单点触摸事件

要使用单点触摸事件，应进行如下设置。

- `auto listener = EventListenerTouchOneByOne::create();`首先创建触摸事件监听者（EventListenerTouch）。调用 `EventListenerTouchOneByOne::create()`即可创建单点触摸事件监听者。
- `listener->onTouchBegan = CC_CALLBACK_2(HelloWorld::onTouchBegan, this);`注册开始触摸屏幕时要调用的方法。
- `listener->inTouchMoved = CC_CALLBACK_2(HelloWorld::onTouchMoved, this);`注册触摸屏幕并在屏幕上移动时要调用的方法。
- `listener->onTouchEnded = CC_CALLBACK_2(HelloWorld::onTouchEnded, this);`注册用户触摸动作完成且手指离开屏幕时要调用的方法。
- `listener->onTouchCancelled = CC_CALLBACK_2(HelloWorld::onTouchCancelled, this);`注册触摸过程中因意外事件导致触摸事件取消时要调用的方法。
- `Director::getInstance()->getEventDispatcher()->addEventListenerWithFixedPriority(listener, 1);`最后，将创建的事件监听者添加到事件分发器（EventDispatcher）。添加事件监听者时，要同时指定优先级。触摸包含多层的画面以调用多个触摸事件时，要设置优先级以决定获取触摸事件的先后顺序，优先级越小，越早调用。另外，需要在相应层（Layer）中重新定义单点触摸事件相关虚函数，这样才能正常调用发生触摸事件时需要调用的方法。

下面是4个与单点触摸事件相关的虚函数，根据不同触屏情形调用相应方法。触摸信息保存于touch，unused_event 是为了与 Cocos2d-iphone 保持一致而遗留下来的参数，在 Cocos2d-x 当前版本中没有意义。

- `virtual bool onTouchBegan(Touch *touch, Event *unused_event)`：开始触摸屏幕时要调用的方法。
- `virtual void onTouchMoved(Touch *touch, Event *unused_event)`：触摸屏幕并在屏幕上移动时要调用的方法。
- `virtual void onTouchEnded(Touch *touch, Event *unused_event)`：用户触摸动作完成且手指离开屏幕时要调用的方法。
- `virtual void onTouchCancelled(Touch *touch, Event *unused_event)`：触摸过程中因意外事件导致触摸事件取消时调用的方法。

> **提示** 触摸事件相关方法中，仅单点触摸事件的 onTouchBegan() 方法有返回值。调用 onTouchBegan() 方法后，若返回值为 false，则不调用 onTouchMoved()、onTouchEnded() 等方法；若返回值为 true，则正常调用所有方法。

示例 5-1 HelloWorldScene.h

```cpp
#ifndef __HELLOWORLD_SCENE_H__
#define __HELLOWORLD_SCENE_H__

#include "cocos2d.h"

USING_NS_CC;

class HelloWorld : public Layer
{
public:

    static Scene* createScene();

    virtual bool init();
    CREATE_FUNC(HelloWorld);

    virtual bool onTouchBegan(Touch *touch, Event *unused_event);
};

#endif
```

示例 5-1 仅声明了单点触摸事件中的 onTouchBegan() 方法。

示例 5-2 init()、onTouchBegan()

```cpp
bool HelloWorld::init()
{
    if ( !Layer::init() )
    {
        return false;
    }

    auto listener = EventListenerTouchOneByOne::create();
    listener->onTouchBegan = CC_CALLBACK_2(HelloWorld::onTouchBegan, this);
    Director::getInstance()->getEventDispatcher()->
        addEventListenerWithFixedPriority(listener, 1);

    return true;
```

```
}

bool HelloWorld::onTouchBegan(Touch *touch, Event *unused_event)
{
    CCLOG("onTouchBegan");

    return true;
}
```

示例 5-2 使用单点触摸事件监听者以响应单点事件。下面逐行分析。

`auto listener = EventListenerTouchOneByOne::create();`

上述代码创建单点触摸事件监听者。

`listener->onTouchBegan = CC_CALLBACK_2(HelloWorld::onTouchBegan, this);`

上述代码将 onTouchBegan() 方法注册给事件监听者。

`Director::getInstance()->getEventDispatcher()->`
`addEventListenerWithFixedPriority(listener, 1);`

上述语句将事件监听者注册到事件分发器。

`bool HelloWorld::onTouchBegan(Touch *touch, Event *unused_event)`

上述代码为 onTouchBegan() 方法，开始触屏时将 onTouchBegan 字符串输出到调试窗口。

处理触摸事件时，除了要检测触摸是否发生外，有时还需要获取触摸点的坐标。

示例 5-3　向触摸区域检测添加 onTouchBegan() 方法

```
bool HelloWorld::onTouchBegan(Touch *touch, Event *unused_event)
{
    CCLOG("onTouchBegan");

    Point location = touch->getLocation();

    CCLOG("onTouchBegan : Location x = %f, y = %f", location.x,
        location.y);

    return true;
}
```

示例 5-3 向 onTouchBegan() 方法添加获取触摸点位置的代码。

```
Point location = touch->getLocation();
```

上述代码调用 getLocation()方法轻松获取触摸点的位置。

5.1.2 多点触摸事件

要使用多点触摸事件（Multi Touch Event），只要如单点触摸事件进行设置既可。但多点触摸事件监听者是 EventListenerTouchAllAtOnce 类的对象，创建时要使用该类的方法。与单点触摸事件一样，需要在相应层中重新定义多点触摸事件相关虚函数，这样才能正常调用发生多点触摸事件时需要调用的方法。

- `virtual void onTouchesBegan(const std::vector<Touch*>& touches, Event *unused_event)`：开始触摸屏幕时要调用的方法。
- `virtual void onTouchesMoved(const std::vector<Touch*>& touches, Event *unused_event)`：触摸屏幕并在屏幕上移动时要调用的方法。
- `virtual void onTouchesEnded(const std::vector<Touch*>& touches, Event *unused_event)`：用户触摸动作完成且手指离开屏幕时要调用的方法。
- `virtual void onTouchesCancelled(const std::vector<Touch*>& touches, Event *unused_event)`：触摸过程中因意外事件导致触摸事件取消时调用的方法。

以上是4个与多点触摸事件相关的虚函数，根据不同触屏情形调用相应方法。对于多点触摸事件，触摸屏幕后再触摸屏幕其他区域时，调用 onTouchesBegan()方法，此时，触摸相关信息会依次保存到 Vector。unused_event 是遗留下来的参数，Cocos2d-x 中不再使用。

示例 5-4   HelloWorldScene.h

```
#ifndef __HELLOWORLD_SCENE_H__
#define __HELLOWORLD_SCENE_H__

#include "cocos2d.h"

USING_NS_CC;

class HelloWorld : public Layer
{
public:

    static Scene* createScene();

    virtual bool init();
    CREATE_FUNC(HelloWorld);

    virtual void onTouchesBegan(const std::vector<Touch*>&
```

```
        touches, Event *unused_event);
};

#endif
```

示例 5-4 声明了 onTouchesBegan()方法,发生多点触屏事件时调用。

示例 5-5 init()、onTouchesBegan()

```
bool HelloWorld::init()
{
    if ( !Layer::init() )
    {
        return false;
    }

    auto listener = EventListenerTouchAllAtOnce::create();
    listener->onTouchesBegan = CC_CALLBACK_2
        (HelloWorld::onTouchesBegan, this);
    Director::getInstance()->getEventDispatcher()->
        addEventListenerWithFixedPriority(listener, 1);

    return true;
}

void HelloWorld::onTouchesBegan(const std::vector<Touch*> & touches,
    Event *unused_event)
{
    CCLOG("onTouchesBegan");
}
```

示例 5-5 使用多点触摸事件监听者以响应多点事件。下面逐行分析。

`auto listener = EventListenerTouchAllAtOnce::create();`

上述代码创建多点触摸事件监听者。

`listener->onTouchesBegan = CC_CALLBACK_2(HelloWorld::onTouchesBegan, this);`

以上述代码将 onTouchesBegan()方法注册给事件监听者。

`Director::getInstance()->getEventDispatcher()->`
`addEventListenerWithFixedPriority(listener, 1);`

上述语句将事件监听者注册到事件分发器。

```
void HelloWorld::onTouchesBegan(const std::vector<Touch*>& touches,
Event *unused_event)
```

以上代码为 onTouchesBegan() 方法，开始触屏时，将 onTouchesBegan 字符串输出到调试窗口。

处理多点触摸事件时，除了要检测是否发生触摸外，有时还需要同时获取触摸点的坐标。

示例 5-6 onTouchesBegan()

```
void HelloWorld::onTouchesBegan(const std::vector<Touch*>& touches, Event
*unused_event)
{
    CCLOG("onTouchesBegan");

    std::vector<Touch*>::const_iterator it = touches.begin();
    Touch *touch;
    Point location[2];

    for (int i=0; i<touches.size(); i++) {
        touch = (Touch*)(*it);
        location[i] = touch->getLocation();
        it++;

        CCLOG("location[%d] x=%f, y=%f", i, location[i].x,
            location[i].y);
    }
}
```

示例 5-6 的 onTouchBegan() 方法添加了用于获取 2 个触摸点坐标的代码。下面逐行分析。

`std::vector<Touch*>::const_iterator it = touches.begin();`

多点触摸事件中，由于触摸信息是按顺序依次保存的，所以可以通过迭代器（iterator）访问。此时要对迭代器进行初始化，如上述代码所示。

`touch = (Touch*)(*it);`

上述代码通过迭代器依次获取触摸信息。

`location[i] = touch->getLocation();`

调用 getLocation() 方法获取触摸点位置。

`it++;`

迭代器值增加。

运行示例 5-6 可以看到，每当触摸屏幕时，触摸点的坐标就会显示到调试窗口。请注意，测试多点触摸时要同时触摸 2 个以上区域，且不能用鼠标进行触摸测试。但 Mac 中，Xcode 提供了模拟器，运行模拟器并按 option（alt）键，模拟器的中心会出现 2 个鼠标。此时触摸屏幕就会触摸到 2 个区域，但即便如此也无法得到 2 个触摸点的位置值。

5.1.3 在 iOS 中设置多点触摸

在 Android 终端使用多点触摸时，不需要做任何特殊设置。但在 iOS 系统上使用时，需要对 iOS 相关代码稍作修改。

示例 5-7 修改多点触摸设置文件 AppController.mm

```
- (BOOL)application:(UIApplication *)application
didFinishLaunchingWithOptions:(NSDictionary *)launchOptions {

    window = [[UIWindow alloc] initWithFrame: [[UIScreen mainScreen]
        bounds]];

    CCEAGLView *eaglView = [CCEAGLView viewWithFrame: [window bounds]
                               pixelFormat: kEAGLColorFormatRGB565
                               depthFormat: GL_DEPTH24_STENCIL8_OES
                        preserveBackbuffer: NO
                                sharegroup: nil
                             multiSampling: NO
                           numberOfSamples: 0];

    [eaglView setMultipleTouchEnabled:YES];

    _viewController = [[RootViewController alloc] initWithNibName:nil
        bundle:nil];
    _viewController.wantsFullScreenLayout = YES;
    _viewController.view = eaglView;

    if ( [[UIDevice currentDevice].systemVersion floatValue] < 6.0)
    {
        [window addSubview: _viewController.view];
    }
    else
    {
        [window setRootViewController:_viewController];
    }

    [window makeKeyAndVisible];
```

```
    [[UIApplication sharedApplication] setStatusBarHidden:true];

    cocos2d::GLView *glview =
        cocos2d::GLView::createWithEAGLView(eaglView);
    cocos2d::Director::getInstance()->setOpenGLView(glview);

    cocos2d::Application::getInstance()->run();

    return YES;
}
```

针对 iOS 系统,项目的 ios 文件夹有 AppController.mm 文件,如示例 5-7 所示,向 `didFinishLaunchingWithOptions()` 方法添加 `setMultipleTouchEnabled` 方法,这样才能正常使用多点触摸功能。

5.2 实现碰撞检测

碰撞检测技术用于检测画面上 2 个或 2 个以上对象是否发生重叠。碰撞检测不仅用于检测对象间是否发生碰撞,还可以检测用户是否在游戏中触摸到特定区域,或在用户触摸拾取物品装备时检测是否触摸到正确区域。

5.2.1 `containsPoint`

进行碰撞检测时,首先需要主区域,然后调用 `containsPoint()` 方法检测某个点是否位于指定区域。该方法常用于检测用户玩游戏时是否正确触摸到画面上的某个特定区域。

示例 5-8 使用 `containsPoint()` 方法

```
Rect rect = Rect(0, 0, 100, 100);
Point point = Point(50, 50);

if (rect.containsPoint(point)) {
    //点位于指定区域时
}
```

示例 5-8 调用 `containsPoint()` 方法检测某点是否位于指定区域。调用 `containsPoint()` 方法前,需要有 `Rect` 与 `Point` 对象,如示例 5-8 所示。点 `point` 位于 `rect` 时,`containsPoint()` 方法返回 `true`,否则返回 `false`。

5.2.2 `intersectsRect`

使用 `intersectsRect()`方法检测 2 个区域是否发生碰撞，这是检测区域碰撞最常用的方法。

示例 5-9 使用 `intersectsRect()`方法

```
Rect rect_0 = Rect(0, 0, 100, 100);
Rect rect_1 = Rect(50, 50, 200, 200);

if (rect_0.intersectsRect(rect_1)) {
    //2 个区域重叠时
}
```

示例 5-9 使用 `intersectsRect()`方法检测 2 个矩形是否相交。如示例 5-9 所示，使用 `intersectsRect()`方法时，需要有 2 个矩形对象 rect_0 与 rect_1，矩形 rect_0 包含于矩形 rect_1 或二者重叠时，`intersectsRect()`方法返回 true，否则返回 false。

5.3 应用触摸事件与碰撞检测

下面编写简单示例，学习触摸事件与碰撞检测的应用方法。触摸事件为单点触摸事件，且只实现 `onTouchBegan()`方法。示例运行时显示图标，单击图标放大。

示例 5-10 HelloWorldScene.h

```
#ifndef __HELLOWORLD_SCENE_H__
#define __HELLOWORLD_SCENE_H__

#include "cocos2d.h"

USING_NS_CC;

class HelloWorld : public Layer
{
public:

    static Scene* createScene();

    virtual bool init();
    CREATE_FUNC(HelloWorld);

    bool onTouchBegan(Touch *touch, Event *unused_event);
};

#endif
```

如示例 5-10 所示，在基本项目的基础上添加了声明 onTouchBegan() 方法的代码。

示例 5-11 init()

```
bool HelloWorld::init()
{
    if ( !Layer::init() )
    {
        return false;
    }

    auto listener = EventListenerTouchOneByOne::create();
    listener->onTouchBegan = CC_CALLBACK_2
        (HelloWorld::onTouchBegan, this);
    Director::getInstance()->getEventDispatcher()->
        addEventListenerWithFixedPriority(listener, 1);

    auto spr = Sprite::create("Icon-57.png");
    spr->setPosition(Point(100, 100));
    spr->setTag(1);
    this->addChild(spr);

    return true;
}
```

示例 5-11 的粗体部分用于触摸事件与"精灵"。

```
auto listener = EventListenerTouchOneByOne::create();
listener->onTouchBegan = CC_CALLBACK_2(HelloWorld::onTouchBegan, this);
Director::getInstance()->getEventDispatcher()->
addEventListenerWithFixedPriority(listener, 1);
```

上述语句创建单点触摸事件监听者，仅注册 onTouchBegan() 回调方法。

```
auto spr = Sprite::create("Icon-57.png");
spr->setPosition(Point(100, 100));
spr->setTag(1);
this->addChild(spr);
```

上述语句创建图标"精灵"，为便于在 onTouchBegan() 方法中处理，将"精灵"标记设置为 1。

示例 5-12 onTouchBegan()

```
bool HelloWorld::onTouchBegan(Touch *touch, Event *unused_event)
{
    CCLOG("onTouchBegan");
```

```cpp
    Point location = touch->getLocation();

    auto spr = (Sprite*)this->getChildByTag(1);
    Rect rect = spr->getBoundingBox();

    if (rect.containsPoint(location)) {
        spr->setScale(2.0);
    }
    else {
        spr->setScale(1.0);
    }

    return true;
}
```

示例 5-12 实现了 onTouchBegan() 方法。

`Point location = touch->getLocation();`

获取触摸点坐标后保存到 location。

`auto spr = (Sprite*)this->getChildByTag(1);`
`Rect rect = spr->getBoundingBox();`

通过标记获取"精灵"对象,然后将"精灵"范围保存到 rect。

```
if (rect.containsPoint(location)) {
    spr->setScale(2.0);
}
else {
    spr->setScale(1.0);
}
```

调用 containsPoint() 方法判断 location 是否位于 rect,若是,则将"精灵"图标放大 2 倍,否则不变。

> **提示** **getBoundingBox()**
> getBoundingBox() 方法返回"精灵"等对象的范围。请注意,取得的对象范围不是原对象的大小,而是对象可视范围的大小。比如,对大小为(100,100)的"精灵"调用 setScale() 方法放大 2 倍后,调用 getBoundingBox() 方法得到的大小为(200, 200)。

图 5-1 是触摸图标前的运行画面,触摸图标后,图标将放大 2 倍,如图 5-2 所示。

图 5-1　运行画面（触摸图标前）

图 5-2　运行画面（触摸图标后）

然后触摸图标之外的区域，图标将缩为原来的大小，即图 5-1 所示的大小。示例 5-10、示例 5-11、示例 5-12 展示了使用触摸事件及进行碰撞检测的基本方法。

5.4　小结

本章讲解了触摸事件与碰撞检测相关内容，这是开发人员制作游戏时必须掌握的技术。单点触摸事件与多点触摸事件各有所长，请根据具体情况选择使用。Cocos2d-x 提供了许多检测碰撞的方法，开发人员通过这些方法就能轻松进行碰撞检测，非常方便。第 6 章将制作简单的卡牌游戏以帮助各位回顾所学内容，同时提高实际应用能力。

第6章

游戏制作实战1：卡牌游戏

本章将综合运用前面学过的知识制作简单的卡牌游戏。进行该游戏时，纸牌会随机翻开再合上，玩家要记住纸牌翻开的顺序，然后根据记忆顺序依次选择纸牌。制作游戏时会应用前面学过的所有知识，但大部分采用动作功能实现。

| 本章主要内容 |

- 游戏基本结构
- 实现竖版游戏
- 主菜单结构
- 应用动作功能实现游戏
- 游戏结果处理

6.1 游戏结构

卡牌游戏由菜单画面与游戏画面组成,按如下顺序实现。

(1) 设置竖版画面
(2) 实现菜单画面
(3) 组织游戏画面
(4) 实现开始游戏
(5) 显示纸牌
(6) 实现纸牌选择
(7) 处理游戏结果
(8) 实现游戏结果菜单

6.1.1 菜单画面

如图 6-1 所示,游戏菜单由**开始游戏**(Play)、**帮助**(Help)、**设置**(Option)、**退出**(Quit)按钮组成。

图 6-1 游戏画面

按 **Play** 键切换至游戏画面开始游戏。**Help** 与 **Option** 按钮分别切换到游戏帮助与游戏设置画面,但本示例并未实现这两个画面,有兴趣的朋友可以自己尝试。按 **Quit** 键将退出游戏。

6.1.2　游戏画面

图 6-2 为游戏的主画面，左上角的数字分别表示猜对的纸牌数及要猜的纸牌数，右上角表示玩家的生命值。

图 6-2　游戏画面

开始游戏时，先显示 6 张正面朝下的扑克牌。画面中央依次显示 READY、START 文字，且带有缩放效果（先大后小），消失时正式开始游戏。游戏开始后，随机翻开 4 张扑克牌，玩家要记住扑克牌翻开的顺序，并按照记忆顺序选择扑克牌。玩家按顺序选对扑克牌时，画面中央显示 O，同时，左上角的猜对张数会增加 1。4 张扑克牌全部猜对时，显示 GAME OVER 字样，游戏结束。玩家选错扑克牌时，画面中央显示 X，同时，右上角的生命值减 1。生命值变为 0 时，画面显示 GAME OVER 字样，游戏结束。游戏结束时，可以选择"重玩游戏"或"返回主菜单"。

6.1.3　添加资源

游戏使用的资源文件包含于示例源文件，只要把 menu 文件夹与 game 文件夹复制到项目的资源文件夹即可。Mac 中，添加资源时，还要把它们添加到 Xcode 项目。尤其是本示例游戏使用的资源是以文件夹为单位进行管理的，所以在 Mac 中添加资源时必须进行相应设置。

向 Xcode 项目添加资源文件夹时显示添加文件的设置画面，如图 6-3 所示。在 Folders 部分点选第二项并单击 Finish 按钮，可以在资源组中看到新添加的蓝色文件夹，它会直接引用资源文件夹内的文件夹。向资源文件夹的 menu 文件夹或 game 文件夹添加或删除文件时，即使不另外向 Xcode 项目添加或删除，也会自动应用。此外，对于直接引用的文件夹，在源代码中输入文件路径时，一定要带上文件夹名。下面开始逐步实现游戏。

第 6 章 游戏制作实战 1：卡牌游戏

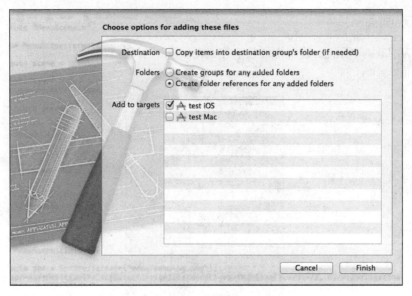

图 6-3　更改资源添加设置

6.2　实现竖版画面

下面以基本项目为基础编写游戏代码。Cocos2d-x 中，创建项目时默认为横版画面，但本游戏要使用竖版画面，所以需要先进行设置。win32 项目中，参考 1.4.1 节修改画面大小即可。我们之前所用项目的画面大小都为 480×320，但这次要在 AppDelegate.cpp 文件的 `applicationDidFinishLauching()` 方法中，将画面大小更改为 320×480，如下所示。

```
if(!glview) {
    glview = GLView::createWithRect("My Game", Rect(0, 0, 320, 480));
    director->setOpenGLView(glview);
}
```

对于 Android 项目，则要修改 AndroidManifest.xml 文件。

`android:screenOrientation="portrait"`

如上所示，为了使用竖版画面，要在 AndroidManifest.xml 文件中，将 `screenOrientation` 的值由 `landscape` 修改为 `portrait`。

对于 iOS 项目，如图 6-4 所示，先在项目信息界面中将 TARGETS 设置为 iOS，然后在 General 的 Deployment Info 中选择 Devices Orientation 的 Portrait 与 Upside Down 即可。若仅选择 Portrait，终端的顶端必为游戏顶端，若同时点选 Upside Down，则终端旋转 180°，游戏也一同旋转 180°。此时，终端的底部为游戏的顶端。

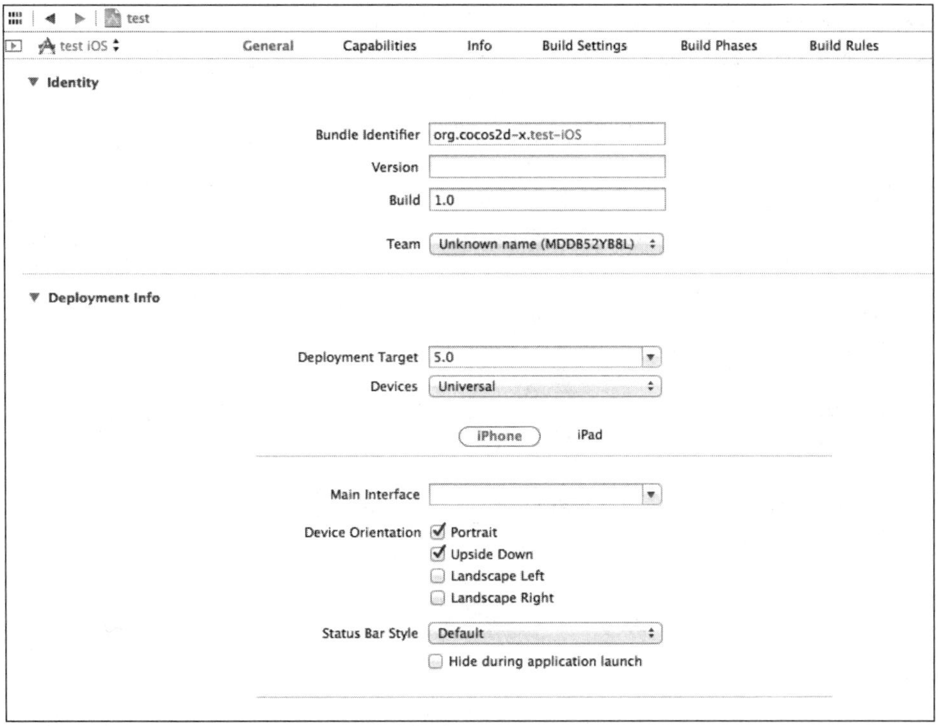

图 6-4　Xcode 项目信息界面

6.3　实现菜单画面

菜单画面大致由背景与菜单两部分组成。首先，把 HelloWorldScene.cpp 与 HelloWorldScene.h 的名称修改为 MenuScene，然后修改文件内容。

如示例 6-1 所示，先将 HelloWorldScene 名称修改为 MenuScene，再添加游戏所需代码，最后把保存名称改为 MenuScene.h。下面逐行分析。

示例 6-1　MenuScene.h

```
#ifndef __MENU_SCENE_H__
#define __MENU_SCENE_H__

#include "cocos2d.h"

USING_NS_CC;

#define TAG_MENUITEM_PLAY        0
#define TAG_MENUITEM_HELP        1
```

```cpp
#define TAG_MENUITEM_OPTION         2
#define TAG_MENUITEM_QUIT           3

class MenuScene : public Layer
{
public:

    static Scene* createScene();

    virtual bool init();
    CREATE_FUNC(MenuScene);

    void initBG();
    void initMenu();

    void menuCallback(Ref *sender);
};

#endif
```

```cpp
USING_NS_CC;
```

上述代码是对 using namespace cocos2d 缩略后重新定义的结果。添加该定义后，使用 Cocos2d-x 提供的类时，不需要在类前面同时写上 cocos2d 的命名空间。比如，使用 Sprite 类时若没有添加 USING_NS_CC，则应写为 cocos2d::Sprite。

```cpp
#define TAG_MENUITEM_PLAY           0
#define TAG_MENUITEM_HELP           1
#define TAG_MENUITEM_OPTION         2
#define TAG_MENUITEM_QUIT           3
```

菜单画面中的菜单由 4 个菜单项组成。选中菜单项时调用同一函数，为了区分选中的究竟是哪个菜单项，事先定义了以上标记。

```cpp
void initBG();
```

该方法创建菜单画面背景。

```cpp
void initMenu();
```

该方法创建菜单。

```cpp
void menuCallback(Ref *sender);
```

玩家选中某菜单项时调用以上方法，通过 sender 参数接收玩家所选的菜单项。

6.3 实现菜单画面

示例 6-2 的名称为 MenuScene.cpp，由 HelloWorldScene.cpp 修改而来。`init()` 方法中添加了对 `initBG()` 与 `initMenu()` 这 2 个方法的调用代码，分别用于初始化画面背景与菜单。下面逐个实现这 2 个方法，在 MenuScene.cpp 文件的尾部编写实现代码即可。

示例 6-2 MenuScene.cpp

```cpp
#include "MenuScene.h"

Scene* MenuScene::createScene()
{
    auto scene = Scene::create();

    auto layer = MenuScene::create();
    scene->addChild(layer);

    return scene;
}

bool MenuScene::init()
{
    if ( !Layer::init() )
    {
        return false;
    }

    initBG();
    initMenu();

    return true;
}
```

示例 6-3 以 menu-bg.png 图像为基础创建了"精灵"，并将其显示到画面。由于没有为图像"精灵"另外设置锚点，所以采用默认锚点(0.5, 0.5)。调用 `setPosition()` 方法将 spr 设置到画面中央。

示例 6-3 initBG()

```cpp
void MenuScene::initBG()
{
    auto spr = Sprite::create("menu/menu-bg.png");
    spr->setPosition(Point(Director::getInstance()->
        getWinSize().width/2, Director::getInstance()->
        getWinSize().height/2));
    this->addChild(spr);
}
```

示例6-4创建菜单项与菜单。下面逐行分析。

示例6-4 `initMenu()`

```
void MenuScene::initMenu()
{
    auto item_0 = MenuItemImage::create("menu/play-0.png",
        "menu/play-1.png", CC_CALLBACK_1(MenuScene::menuCallback, this));
    auto item_1 = MenuItemImage::create("menu/help-0.png",
        "menu/help-1.png", CC_CALLBACK_1(MenuScene::menuCallback, this));
    auto item_2 = MenuItemImage::create("menu/option-0.png",
        "menu/option-1.png", CC_CALLBACK_1(MenuScene::menuCallback, this));
    auto item_3 = MenuItemImage::create("menu/quit-0.png",
        "menu/quit-1.png", CC_CALLBACK_1(MenuScene::menuCallback, this));

    item_0->setTag(TAG_MENUITEM_PLAY);
    item_1->setTag(TAG_MENUITEM_HELP);
    item_2->setTag(TAG_MENUITEM_OPTION);
    item_3->setTag(TAG_MENUITEM_QUIT);

    auto menu = Menu::create(item_0, item_1, item_2, item_3, NULL);
    menu->alignItemsVerticallyWithPadding(20);
    this->addChild(menu);
}
```

```
auto item_0 = MenuItemImage::create("menu/play-0.png", "menu/play-1.png",
    CC_CALLBACK_1(MenuScene::menuCallback, this));
```

使用`MenuItemImage::create()`方法通过指定图像文件创建菜单项。创建时使用2幅图像，第一幅图像在普通状态下显示，第二幅图像在玩家选中该菜单项时显示。该方法的最后一个参数指定玩家选择该菜单项时调用的`menuCallback()`方法。

`item_0->setTag(TAG_MENUITEM_PLAY);`

为相应菜单项设置标记。

`auto menu = Menu::create(item_0, item_1, item_2, item_3, NULL);`

上述语句使用已经创建好的4个菜单项创建菜单，最后一个参数必须设置为NULL。

`menu->alignItemsVerticallyWithPadding(20);`

上述语句使用菜单的自动对齐功能，将菜单沿竖直方向设置到画面中央，且每个菜单项间隔为20像素。

示例6-5是`menuCallback()`方法的具体实现代码，玩家选中某个菜单项时调用该方法。下面逐行分析。

示例 6-5　menuCallback()

```cpp
void MenuScene::menuCallback(Ref *sender)
{
    auto item = (MenuItem*)sender;

    switch (item->getTag())
    {
        case TAG_MENUITEM_PLAY:
        {
            auto scene = TransitionFadeTR::create(1.0,
                GameScene::createScene());
            Director::getInstance()->replaceScene(scene);
        }
            break;
        case TAG_MENUITEM_HELP:
            break;
        case TAG_MENUITEM_OPTION:
            break;
        case TAG_MENUITEM_QUIT:
            Director::getInstance()->end();
#if (CC_TARGET_PLATFORM == CC_PLATFORM_IOS)
            exit(0);
#endif
            break;
        default:
            break;
    }
}
```

`auto item = (MenuItem*)sender;`

sender 是 menuCallback() 方法的参数，用于接收事件源。上述语句将 sender 转换类型后赋给 item 变量。

`switch (item->getTag())`

前面已经为各菜单项设置了标记，因此，从 switch 语句获取 item 的标记，用作后面分支处理的匹配条件。

`case TAG_MENUITEM_PLAY:`

玩家按下 Play 键时执行该分支下的语句，先创建游戏场景，再将当前场景画面切换到游戏场景画面。

`case TAG_MENUITEM_QUIT:`

玩家按下 Quit 键时执行该分支语句，退出游戏。

这样就实现了全部游戏菜单画面。由于尚未编写游戏场景类，所以运行上述示例之前，先把 TAG_MENUITEM_PLAY 分支中的语句全部变为注释，运行结果如图 6-1 所示。

6.4 实现游戏画面

与菜单画面不同，游戏画面要实现的部分很多。实现具体功能之前，先创建 GameScene.h 与 GameScene.cpp 文件，如示例 6-6 和示例 6-7 所示。

示例 6-6 GameScene.h

```cpp
#ifndef __GAME_SCENE_H__
#define __GAME_SCENE_H__

#include "cocos2d.h"

USING_NS_CC;

class GameScene : public Layer
{
public:

    static Scene* createScene();

    virtual bool init();
    CREATE_FUNC(GameScene);
};

#endif
```

示例 6-7 GameScene.cpp

```cpp
#include "GameScene.h"

Scene* GameScene::createScene()
{
    auto scene = Scene::create();

    auto layer = GameScene::create();
    scene->addChild(layer);

    return scene;
}
```

6.4 实现游戏画面

```
bool GameScene::init()
{
    if ( !Layer::init() )
    {
        return false;
    }

    return true;
}
```

示例 6-6 和示例 6-7 是在基本项目的基础上将类名和文件名修改为 GameScene 创建的。将 GameScene 相关文件添加到游戏项目，然后删除从菜单画面切换到游戏画面的部分的注释。将 GameScene.h 文件 include 到 MenuScene.cpp 文件的头部分重新运行，可以看到菜单画面能够正常切换到游戏画面。

6.4.1 初始化游戏数据

下面声明游戏中要用的变量，并编写对变量进行初始化的方法。

示例 6-8 GameScene.h

```
#ifndef __GAME_SCENE_H__
#define __GAME_SCENE_H__

#include "cocos2d.h"

USING_NS_CC;

class GameScene : public Layer
{
public:

    static Scene* createScene();

    virtual bool init();
    CREATE_FUNC(GameScene);

    Size winSize;

    int cardOK, life;
    int card[4];
    int countCard;
```

```
    void initGameData();
};

#endif
```

示例 6-8 是 GameScene.h 文件的源代码，其中增加了一些变量与初始化方法，这些方法主要用于对游戏中使用的变量进行初始化。为变量与方法命名时并未采用"匈牙利表示法"，这是为了使它们尽量简单，让各位容易理解。下面逐行分析。

```
Size winSize;
```

编写游戏代码过程中会经常使用画面大小，所以使用上述代码将画面大小单独声明为变量。一般而言，游戏实现过程中会经常使用画面大小，将其单独声明为变量后，将更加方便使用。

```
int cardOK, life;
int card[4];
int countCard;
```

cardOK 变量保存玩家正确选择的扑克牌的张数，life 变量表示玩家的生命值。card 数组保存 4 张扑克牌的编号，countCard 计数变量保存玩家要猜的扑克牌的顺序。

```
void initGameData();
```

该方法用于初始化游戏中使用的变量。

示例 6-9　initGameData()

```
void GameScene::initGameData()
{
    winSize = Director::getInstance()->getWinSize();

    cardOK = 0;
    life = 3;

    srand(time(NULL));

    for (int i=0; i<4; i++) {
        card[i] = rand()%6;
    }

    countCard = 0;
}
```

6.4 实现游戏画面

示例 6-9 是 `initGameData()` 方法的实现代码，用于对游戏中使用的变量进行初始化。下面逐行分析。

`winSize = Director::getInstance()->getWinSize();`

上述语句调用 `getWinSize()` 方法获取画面大小。

`srand(time(NULL));`

使用标准库中提供的随机数产生方法可以生成随机数，但生成随机数时，若不设置基准值（seed），游戏每次运行都会产生相同的随机数。因此，通常利用当前系统时间改变基准值，这样每次就能生成不同随机数。

`card[i] = rand()%6;`

调用 `rand()` 方法生成正面显示的扑克牌。使用求余运算符（%）可以产生 0~5 之间的随机数。

`initGameData()` 方法实现后，由 `init()` 方法调用执行。

6.4.2 游戏画面构成

为了形成游戏画面，GameScene.h 文件声明了 5 个方法，并在 GameScene.cpp 文件中实现。在 GameScene.h 文件中声明时，将其添加到 `initGameData()` 方法之后即可。

- `void initBG()`：该方法用于创建背景。
- `void initTopMenuLabel()`：该方法用于创建游戏画面顶部显示的标签。
- `void setLabelCard()`：该方法用于修改游戏画面顶部显示扑克牌张数的标签内容。
- `void setLabelLife()`：该方法用于修改游戏画面顶部显示玩家生命值的标签内容。
- `void initCard()`：该方法用于创建扑克牌。

示例 6-10 `initBG()`

```
void GameScene::initBG()
{
    auto spr = CCSprite::create("game/game-bg.png");
    spr->setPosition(Point(winSize.width/2, winSize.height/2));
    this->addChild(spr);
}
```

示例 6-10 用 game-bg.png 图像创建"精灵"，并将其设置到画面中间。

示例 6-11 GameScene.h

```
#ifndef __GAME_SCENE_H__
#define __GAME_SCENE_H__
```

```cpp
#include "cocos2d.h"

USING_NS_CC;

#define TAG_LABEL_CARD          0
#define TAG_LABEL_LIFE          1
#define TAG_LABEL_READY         2
#define TAG_LABEL_START         3
#define TAG_SPRITE_O            4
#define TAG_SPRITE_X            5
#define TAG_LABEL_GAMEOVER      6
#define TAG_LABEL_GAMECLEAR     7
#define TAG_MENU                8

#define TAG_SPRITE_CARD         10

class GameScene : public Layer
{
public:

    static Scene* createScene();

    virtual bool init();
    CREATE_FUNC(GameScene);

    Size winSize;

    int cardOK, life;
    int card[4];
    int countCard;

    void initGameData();

    void initBG();
    void initTopMenuLabel();

    void setLabelCard();
    void setLabelLife();

    void initCard();
};

#endif
```

示例 6-11 在 GameScene.h 开始部分定义了游戏中使用的标记。下面逐行分析。

```
#define TAG_LABEL_CARD          0
#define TAG_LABEL_LIFE          1
```

这 2 个标记是游戏画面顶部显示的标签标记。`TAG_LABEL_CARD` 标签标记值表示玩家已猜的扑克牌数以及要猜的扑克牌数，`TAG_LABEL_LIFE` 标签标记表示玩家生命值。

```
#define TAG_LABEL_READY         2
#define TAG_LABEL_START         3
```

这 2 个标记定义为游戏开始时显示的 READY、START 标签的标记值。

```
#define TAG_SPRITE_O            4
#define TAG_SPRITE_X            5
```

选择扑克牌后要显示的"精灵"的标记值。

```
#define TAG_LABEL_GAMEOVER      6
#define TAG_LABEL_GAMECLEAR     7
```

`TAG_LABEL_GAMEOVER` 为游戏结束时显示的标签的标记值，`TAG_LABEL_GAMECLEAR` 为游戏被清理时显示的标签的标记值。

```
#define TAG_MENU                8
```

游戏结束或清理后显示的菜单标记值。

```
#define TAG_SPRITE_CARD         10
```

扑克牌"精灵"的标记值。游戏画面中总共有 6 张扑克牌，所以"精灵"标记值可以使用 10~15 之间的 6 个数。

示例 6-12 `initTopMenuLabel()`

```cpp
void GameScene::initTopMenuLabel()
{
    auto label_0 = Label::createWithSystemFont("", "", 20);
    label_0->setAnchorPoint(Point(0, 1));
    label_0->setPosition(Point(10, winSize.height-10));
    label_0->setTag(TAG_LABEL_CARD);
    label_0->setColor(Color3B::BLACK);
    this->addChild(label_0);

    auto label_1 = Label::createWithSystemFont("", "", 20);
    label_1->setAnchorPoint(Point(1, 1));
    label_1->setPosition(Point(winSize.width-10, winSize.height-10));
    label_1->setTag(TAG_LABEL_LIFE);
    label_1->setColor(Color3B::BLACK);
```

```
    this->addChild(label_1);

    setLabelCard();
    setLabelLife();
}
```

示例 6-12 是 initTopMenuLabel() 方法的实现代码，用于创建画面顶部显示的标签。先创建 2 个标签，然后调用 setLabelCard()、SetLabelLife() 方法再次设置标签内容，所以创建时并未输入。并且，创建标签时也没有指定字体名称，因此，显示标签内容时将采用系统默认字体。根据标签在游戏画面顶部左侧与右侧的位置为其设置锚点与位置，并为各标签指定相应标记值，然后使用 Color3B::BLACK 将标签文本设置为黑色。

示例 6-13 setLabelCard()、setLabelLife()

```
void GameScene::setLabelCard()
{
    auto label = (Label*)this->getChildByTag(TAG_LABEL_CARD);
    label->setString(StringUtils::format("CARD : %d/4", cardOK));
}

void GameScene::setLabelLife()
{
    auto label = (Label*)this->getChildByTag(TAG_LABEL_LIFE);
    label->setString(StringUtils::format("LIFE : %d", life));
}
```

示例 6-13 的方法用于设置游戏画面顶部标签的内容。调用这 2 个方法设置标签内容时，先通过标记获取标签指针，然后调用 StringUtils 类的 format() 方法设置标签内容。

示例 6-14 initCard()

```
void GameScene::initCard()
{
    for (int i=0; i<6; i++) {
        auto spr = Sprite::create("game/card-back.png");
        spr->setPosition(Point(winSize.width/2-60+60*2*(i%2),
            winSize.height/2+120-120*(i/2)));
        this->addChild(spr);

        auto sprFront = Sprite::create(StringUtils::format
            ("game/card_%d.png", (i+1)));
        sprFront->setPosition(Point(winSize.width/2-60+60*2*(i%2),
            winSize.height/2+120-120*(i/2)));
        sprFront->setVisible(false);
```

```
        sprFront->setTag(TAG_SPRITE_CARD+i);
        this->addChild(sprFront);
    }
}
```

示例6-14的方法用于创建扑克牌的正面与反面"精灵",并将其设置到合适位置。首先以画面正中为基准,通过取余(%)和整除(/)计算,把反面扑克牌设置到相应位置,然后通过循环语句的编号生成扑克牌正面图像的文件名,以创建"精灵"。游戏开始时并不显示扑克牌的正面,所以将 setVisible(false) 方法设为 false,进行游戏时会根据指定的标记值显示相应扑克牌的正面。

示例6-15 init()

```
bool GameScene::init()
{
    if ( !Layer::init() )
    {
        return false;
    }

    initGameData();

    initBG();
    initTopMenuLabel();

    initCard();

    return true;
}
```

示例6-15为 init() 方法的实现代码,调用前面实现的所有方法。运行编写好的代码,结果如图6-5所示。

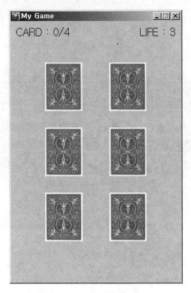

图 6-5　游戏画面构成

6.4.3 开始游戏

为了开始游戏，共需要如下 6 个方法。

- `void initReasy()`：该方法用于创建 READY 标签。
- `void initStart()`：该方法用于创建 START 标签。
- `void actionReady()`：该方法执行 READY 标签的动作。每次重新开始游戏时都会使用应用到标签的动作，所以需要分离创建标签的部分和执行动作的部分。
- `void actionStart()`：该方法执行 START 标签的动作。
- `void endReady()`：READY 标签的动作完成后调用该方法。
- `void endStrart()`：START 标签的动作完成后调用该方法。

为了开始游戏，需要有方法创建 READY 与 START 标签。生成的标签在画面中显示时，要有放大后缩小并消失的效果，所以也需要有方法执行这些动作。此外，动作结束时要进行下一动作或调用其他方法，所以也需要在动作结束时调用某些方法。

示例 6-16 `initReady()`、`initStart()`

```
void GameScene::initReady()
{
    auto label = Label::createWithSystemFont("READY", "", 80);
    label->setPosition(Point(winSize.width/2, winSize.height/2));
    label->setTag(TAG_LABEL_READY);
    label->setColor(Color3B::BLACK);
```

```
    label->setScale(0.0);
    this->addChild(label);
}

void GameScene::initStart()
{
    auto label = Label::createWithSystemFont("START", "", 80);
    label->setPosition(Point(winSize.width/2, winSize.height/2));
    label->setTag(TAG_LABEL_START);
    label->setColor(Color3B::BLACK);
    label->setScale(0.0);
    this->addChild(label);
}
```

示例 6-16 的方法用于创建 READY、START 标签。这 2 个标签都显示到画面中间,并设置为指定的标记。另外,它们显示到画面时带有放大效果,所以事先将其大小设置为 0。

示例 6-17 actionReady()、endReady()

```
void GameScene::actionReady()
{
    auto action = Sequence::create(
                            ScaleTo::create(1.0, 1.0),
                            DelayTime::create(2.0),
                            ScaleTo::create(1.0, 0.0),
                            CallFunc::create(CC_CALLBACK_0
                            (GameScene::endReady, this)),
                            NULL);
    
    auto label = (Label*)this->getChildByTag(TAG_LABEL_READY);
    label->runAction(action);
}

void GameScene::endReady()
{
    actionStart();
}
```

示例 6-17 的方法是执行 READY 标签动作结束时调用的。READY 标签先以放大效果显示到画面,2 秒后以缩小效果从画面上消失。

动作执行完成后调用 endReady() 方法,endReady() 方法又调用 actionStart() 方法继续执行 START 标签的动作。

示例 6-18 actionStart()、endStart()

```
void GameScene::actionStart()
{
    auto action = Sequence::create(
                                ScaleTo::create(1.0, 1.0),
                                DelayTime::create(2.0),
                                ScaleTo::create(1.0, 0.0),
                                CallFunc::create(CC_CALLBACK_0
                                (GameScene::endStart, this)),
                                NULL);

    auto label = (Label*)this->getChildByTag(TAG_LABEL_START);
    label->runAction(action);
}

void GameScene::endStart()
{
    actionCard();
}
```

示例 6-18 采用了与示例 6-17 相同的方法将 START 标签显示到画面。START 标签的动作结束时调用 endStart() 方法，endStart() 方法又调用 actionCard() 方法依次显示指定的扑克牌。将上面实现的 initReady()、initStart() 方法添加到 init() 方法，并添加执行 READY 标签动作的 actionReady() 方法。图 6-6 是以放大效果显示的 READY 标签。

图 6-6 以放大效果显示的 READY 标签

6.4.4 显示扑克牌

开始游戏后，只要依次显示 initGameData() 方法中设置的扑克牌的编号即可。

示例 6-19 actionCard()、endCard()

```
void GameScene::actionCard()
{
    for (int i=0; i<4; i++) {
        auto action = Sequence::create(
                                    DelayTime::create(3.0*i),
                                    Show::create(),
                                    DelayTime::create(2.0),
                                    Hide::create(),
                                    NULL);

        auto spr = (Sprite*)this->
                getChildByTag(TAG_SPRITE_CARD+card[i]);
        spr->runAction(action);
    }

    auto action = Sequence::create(
                                DelayTime::create(11.0),
                                CallFunc::create(CC_CALLBACK_0
                                (GameScene::endCard, this)),
                                NULL);
    this->runAction(action);
}

void GameScene::endCard()
{
    isTouch = true;
}
```

示例 6-19 是 actionCard()、endCard() 这 2 个方法的实现代码，actionCard() 方法用于依次显示扑克牌，所有扑克牌显示完毕后，调用 endCard() 方法。由于要显示的扑克牌为 4 张，所以使用循环语句重复 4 次显示动作。使用 Show 动作、DelayTime 动作、Hide 动作产生显示扑克牌正面然后消失的效果。这些动作的执行时间为 2 秒，到下一张扑克牌显示出来的等待时间为 1 秒，执行动作前留出 3 秒等待时间，再将其与 i 相乘即可。最终，把 4 张扑克牌全部显示出来要花费 11 秒，然后调用 endCard() 方法，把 isTouch 设置为 true，启动触摸事件动作。请注意，一定要在 GameScene.h 文件中声明 actionCard()、endCard() 方法及 isTouch 变量。关于触摸事件，显示 READY、START 标签或扑克牌正面时，触摸事件不应该动作，所以刚开始并未开启触摸事件。显示所有扑克牌之后才开启触摸动作，以响应玩家的触摸操作。

示例 6-20　`init()`

```cpp
bool GameScene::init()
{
    if ( !Layer::init() )
    {
        return false;
    }

    auto listener = EventListenerTouchOneByOne::create();
    listener->onTouchBegan = CC_CALLBACK_2
        (GameScene::onTouchBegan, this);
    Director::getInstance()->getEventDispatcher()->
        addEventListenerWithFixedPriority(listener, 1);

    isTouch = false;

    initGameData();

    initBG();
    initTopMenuLabel();

    initCard();

    initReady();
    initStart();

    actionReady();

    return true;
}
```

示例 6-20 是 `init()` 方法的实现代码，其中创建了单点触摸事件监听者，并注册了 `OnTouchBegan()` 方法。由于本示例游戏并不采用多点触摸，所以代码生成的触摸事件是 `EventListenerTouchByOne` 事件，且仅注册了 `onTouchBegan()` 方法。由于游戏刚启动时不需要开启触摸事件，所以上述代码将 `isTouch` 设置为 `false`。

6.4.5　触摸事件

玩家要猜的扑克牌全部显示之后，玩家要根据显示顺序选择扑克牌。扑克牌的选择通过触摸事件进行处理，触摸事件通过碰撞检测检查玩家是否触摸到扑克牌。若玩家触摸到扑克牌，则检测扑克牌的顺序是否正确。对于触摸事件，根据游戏需要，选择 `onTouchesBegan()` 与 `onTouchesEnded()` 二者中合适的那个进行实现即可。就本游戏而言，这 2 个方法没什么不同，故选择 onTouchesBegan()方法实现触摸事件。

示例 6-21　onTouchesBegan()

```cpp
bool GameScene::onTouchBegan(Touch *touch, Event *unused_event)
{
    if (!isTouch) return true;

    Point location = touch->getLocation();

    for (int i=0; i<6; i++) {
        auto spr = (Sprite*)this->getChildByTag(TAG_SPRITE_CARD+i);
        Rect sprRect = spr->getBoundingBox();

        if (sprRect.containsPoint(location)) {

            isTouch = false;

            auto action = Sequence::create(
                                          Show::create(),
                                          DelayTime::create(0.5),
                                          Hide::create(),
                                          NULL);

            spr->runAction(action);

            if (i==card[countCard]) {

                cardOK++;
                countCard++;

                setLabelCard();
                actionOX(true);
            }
            else {

                life--;

                setLabelLife();
                actionOX(false);
            }
        }
    }

    return true;
}
```

示例6-21是实现触摸事件的源代码。请注意,还要在GameScene.h文件中声明onTouchesBegan()方法。下面逐行分析。

```
if (!isTouch) return true;
```

若isTouch值为false,则直接从onTouchesBegan()方法退出。

```
Point location = touch->getLocation();
```

获取触摸点坐标。

```
auto spr = (Sprite*)this->getChildByTag(TAG_SPRITE_CARD+i);
Rect sprRect = spr->getBoundingBox();
```

先通过标记值获取扑克牌的"精灵"指针,然后调用getBoundingBox()方法获得扑克牌的范围。

```
if (sprRect.containsPoint(location)) {
```

判断触摸点是否位于扑克牌范围内。若碰撞检测结果为true,则触摸点位于纸牌区域;若为false,则玩家没有触摸到纸牌。

```
isTouch = false;
```

玩家触摸到纸牌后,将isTouch值设为false,防止重复触摸。

```
auto action = Sequence::create(Show::create(),
                               DelayTime::create(0.5),
                               Hide::create(),
                               NULL);
```

上述语句创建的动作是,玩家触摸到扑克牌后显示扑克牌正面,等待0.5秒钟后消失。玩家触摸到的扑克牌顺序正确时,将cardOK、countCard值加1。然后修改用于显示扑克牌张数的标签内容,再调用参数值为true的actionOX()方法。若触摸的扑克牌顺序不对,则将life值减1,并修改用于显示生命值的标签内容,再调用参数值为false的actionOX()方法。

6.4.6 选择扑克牌

玩家选择某张扑克牌后,画面要显示O、X图像,以明确告知玩家所选扑克牌的顺序是否正确。

示例6-22 initO()、initX()、actionOX()、endOX()

```
void GameScene::initO()
{
    auto spr = Sprite::create("game/o.png");
    spr->setPosition(Point(winSize.width/2, winSize.height/2));
```

```cpp
    spr->setTag(TAG_SPRITE_O);
    spr->setVisible(false);
    this->addChild(spr);
}

void GameScene::initX()
{
    auto spr = Sprite::create("game/x.png");
    spr->setPosition(Point(winSize.width/2, winSize.height/2));
    spr->setTag(TAG_SPRITE_X);
    spr->setVisible(false);
    this->addChild(spr);
}

void GameScene::actionOX(bool isO)
{
    auto action = Sequence::create(
                                    Show::create(),
                                    DelayTime::create(0.5),
                                    Hide::create(),
                                    CallFunc::create(CC_CALLBACK_0
                                    (GameScene::endOX, this)),
                                    NULL);

    Sprite *spr;

    if (isO) {
        spr = (Sprite*)this->getChildByTag(TAG_SPRITE_O);
    }
    else {
        spr = (Sprite*)this->getChildByTag(TAG_SPRITE_X);
    }

    spr->runAction(action);
}

void GameScene::endOX()
{
    if (!(cardOK==4 || life==0)) {
        isTouch = true;
    }
}
```

玩家选中某张扑克牌时，示例 6-22 用于创建图像 O 与 X "精灵"，并将其显示出来。请注意，示例 6-22 中实现的 4 个方法（initO()、initX()、actionOX()、endOX()）必须在 GameScene.h 文件中声明。initO() 与 initX() 方法在画面中间创建 O 图像与 X 图像并设置特定标记，先将之隐藏，并把 initO() 与 initX() 方法添加到 init() 方法。actionOX() 方法执行显示图像的动作，根据参数不同，选择 O 图像或 X 图像暂时显示到画面，显示动作完成后调用 endOX() 方法。endOX() 方法包含条件语句，如果不是因为玩家猜对 4 张扑克牌或生命值为 0 而结束游戏，就开启触摸事件。图 6-7 与图 6-8 是玩家选择某张扑克牌后显示的结果画面。

图 6-7　选对扑克牌时显示 O

图 6-8　选错扑克牌时显示 X

6.4.7　游戏结束

玩家猜对所有扑克牌或生命值为 0 时，在触摸事件处理代码中调用 actionGameEnd() 方法结束游戏。

示例 6-23　actionGameEnd()、endGameEnd()、onTouchBegan()

```
void GameScene::actionGameEnd(bool isGameClear)
{
    isTouch = false;

    auto action = Sequence::create(
                            DelayTime::create(0.5),
                            Show::create(),
                            EaseBounceOut::create(MoveTo::create
                    (1.0, Point(winSize.width/2, winSize.height/2))),
                            DelayTime::create(1.0),
```

```cpp
                                    Hide::create(),
                                    Place::create(Point(winSize.width/2,
                                        winSize.height+50)),
                                    CallFunc::create(CC_CALLBACK_0(
                                    GameScene::endGameEnd, this)),
                                    NULL);
    
    Label *label;
    
    if (isGameClear) {
        label = (Label*)this->getChildByTag(TAG_LABEL_GAMECLEAR);
    }
    else {
        label = (Label*)this->getChildByTag(TAG_LABEL_GAMEOVER);
    }
    
    label->runAction(action);
}

void GameScene::endGameEnd()
{
    actionMenu(true);
}

bool GameScene::onTouchBegan(Touch *touch, Event *unused_event)
{
    if (!isTouch) return true;
    
    Point location = touch->getLocation();
    
    for (int i=0; i<6; i++) {
        auto spr = (Sprite*)this->getChildByTag(TAG_SPRITE_CARD+i);
        Rect sprRect = spr->getBoundingBox();
        
        if (sprRect.containsPoint(location)) {
            
            isTouch = false;
            
            auto action = Sequence::create(
                                    Show::create(),
                                    DelayTime::create(0.5),
                                    Hide::create(),
                                    NULL);
            spr->runAction(action);
```

```
            if (i==card[countCard]) {

                cardOK++;
                countCard++;

                if (cardOK==4) {
                    actionGameEnd(true);
                }

                setLabelCard();
                actionOX(true);
            }
            else {

                life--;

                if (life==0) {
                    actionGameEnd(false);
                }

                setLabelLife();
                actionOX(false);
            }
        }
    }

    return true;
}
```

示例 6-23 包含 actionGameEnd() 与 endGameEnd() 这 2 个方法的实现代码，游戏结束时调用执行，还包含修改后的 onTouchBegan() 方法的代码。同样，还需要把 actionGameEnd() 与 endGameEnd() 这 2 个方法添加到 GameScene.h 文件。由于游戏已经结束，所以 actionGameEnd() 方法禁用触摸事件。然后向相应标签应用 EaseBounceOut 效果，使标签移动到画面中间并消失。以上动作执行完成后，调用 endGameEnd() 方法以调用 actionMenu() 方法，玩家可以选择重新开始游戏或返回主菜单界面。onTouchBegan() 方法中，玩家猜对 4 张扑克牌或生命值为 0 时，调用 actionGameEnd() 方法。actionGameEnd() 方法中，通过标记值获取 GAMECLEAR 与 GAMEOVER 标签，它们分别由 initGameClear() 与 initGameOver() 方法创建，同样需要先把这 2 个方法添加到 GameScene.h 文件，再添加到 init() 方法进行调用。

示例 6-24 initGameClear()、initGameOver()

```
void GameScene::initGameClear()
{
```

```cpp
    auto label = Label::createWithSystemFont("GAME CLEAR", "", 50);
    label->setPosition(Point(winSize.width/2, winSize.height+50));
    label->setTag(TAG_LABEL_GAMECLEAR);
    label->setColor(Color3B::BLUE);
    label->setVisible(false);
    this->addChild(label);
}

void GameScene::initGameOver()
{
    auto label = Label::createWithSystemFont("GAME OVER", "", 50);
    label->setPosition(Point(winSize.width/2, winSize.height+50));
    label->setTag(TAG_LABEL_GAMEOVER);
    label->setColor(Color3B::RED);
    label->setVisible(false);
    this->addChild(label);
}
```

示例6-24的方法创建GAMECLEAR与GAMEOVER标签。游戏结束时，标签将从画面顶部移动到画面中间。为实现此动作，需要把标签的横坐标设置为画面正中，纵坐标设置为大于画面高度50像素的位置。把GAMECLEAR标签设置为蓝色，GAMEOVER标签设置为红色。图6-9与图6-10分别为游戏成功时与游戏失败时显示的画面。

图6-9 游戏成功（GAME CLEAR）

图6-10 游戏失败（GAME OVER）

6.4.8 游戏结束显示菜单

显示GAME CLEAR与GAME OVER标签后，要显示菜单供玩家选择重新开始游戏或返回游戏主菜单界面。

示例 6-25 initMenu()、actionMenu()、menuCallBack()

```cpp
void GameScene::initMenu()
{
    auto item_0 = MenuItemFont::create("retry",
        CC_CALLBACK_1(GameScene::menuCallBack, this));
    auto item_1 = MenuItemFont::create("main menu",
        CC_CALLBACK_1(GameScene::menuCallBack, this));

    item_0->setTag(0);
    item_1->setTag(1);

    item_0->setColor(Color3B::BLACK);
    item_1->setColor(Color3B::BLACK);

    auto menu = Menu::create(item_0, item_1, NULL);
    menu->alignItemsHorizontallyWithPadding(50);
    menu->setPosition(Point(winSize.width/2, 30));
    menu->setTag(TAG_MENU);
    menu->setVisible(false);
    this->addChild(menu);
}

void GameScene::actionMenu(bool isShow)
{
    auto menu = (Menu*)this->getChildByTag(TAG_MENU);
    menu->setVisible(isShow);
}

void GameScene::menuCallBack(Ref *sender)
{
    auto item = (MenuItemFont*)sender;

    if (item->getTag()==0) {

        initGameData();

        setLabelCard();
        setLabelLife();

        actionMenu(false);
        actionReady();
    }
    else {
```

```
            Director::getInstance()->replaceScene(MenuScene::createScene());
        }
    }
```

示例 6-25 是 initMenu()、actionMenu()、menuCallBack() 这 3 个方法的实现代码，第一个方法创建游戏结束后显示的菜单，第二个方法将菜单显示出来，第三个是玩家选择某菜单项时要调用的方法。同样，需要把这 3 个方法添加到 GameScene.h 文件，initMenu() 方法要添加到 init() 方法以进行调用。initMenu() 方法分别使用 retry 与 main menu 文本创建了 2 个菜单项，并分别标记为 0 与 1，然后使用它们创建菜单。通过菜单的水平自动对齐功能进行对齐排列，然后将整个菜单设置到画面底部。actionMenu() 方法通过给定的参数决定显示或隐藏菜单。玩家从菜单中选择菜单项时调用 menuCallBack() 方法，获取菜单项的标记以判断玩家单击的是哪个菜单项，从而重新进行游戏或转到游戏主菜单界面。为了正常切换到游戏菜单界面，要将 MenuScene.h 文件包含到 GameScene.cpp 文件头部分。图 6-11 是游戏结束时显示的菜单。

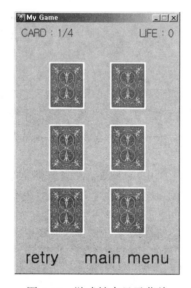

图 6-11　游戏结束显示菜单

6.5　小结

本章实现了卡牌游戏，虽然游戏代码比想象得多，但仅利用前面所学内容就能制作游戏。第 7 章将继续学习动画实现方法，以及 Cocos2d-x 提供的定时器相关内容。

第 7 章

动画与定时器

大多数情况下，游戏中的对象进行移动或待机操作时，形成这些动作的图像往往不是 1 张，而是由多张图像反复交替播放而成。Cocos2d-x 提供了 Animation 与 Animate 类帮助开发者更轻松地实现这些动画效果。本章将学习 Animation 与 Animate 类，还要学习 SpriteFrame 类，实现动画时会用到。前面已经学过触摸事件相关内容，只有指定事件发生时才调用相应方法执行某个操作。但游戏制作中还需要定时进行一些逻辑判断，比如碰撞检测等，为此引入"定时器"概念，Cocos2d-x 就提供了 schedule 定时器类以实现定时机制。

| 本章主要内容 |

- 制作瓦片图及使用 plist 文件的方法
- 使用 SpriteFrame 与 SpriteFrameCache
- Animation 与 Animate
- 定时器类型与用法

7.1 瓦片图

学习动画之前，先学习瓦片图（Atlas Image）的制作及使用方法。顾名思义，瓦片图是由许多小图拼合而成的大图。游戏中往往大量使用图片，少则数十张，多则数百张。若一张张地使用这么多的图片，不仅会给资源管理带来困难，还会影响游戏的运行效率，所以通常会先制作瓦片图，然后应用于游戏。

7.1.1 制作瓦片图

制作瓦片图的大部分工具都是收费的，但免费版本也提供了不少最基本的功能。

- Texture Packer：http://www.codeandweb.com/texturepacker/
- Zwoptex：http://www.zwopple.com/zwoptex/
- Sprite Helper：http://www.gamedevhelper.com/spritehelper/

其中，Texture Packer 同时支持 Windows 与 Mac，下面学习使用它制作瓦片图的方法。一般而言，制作瓦片图的工具的使用方法都差不多。初次运行 Texture Packer 后，运行界面如图 7-1 所示。图 7-1 是 Texture Packer 在 Windows 上的运行界面，与 Mac 上的运行界面几乎一样。

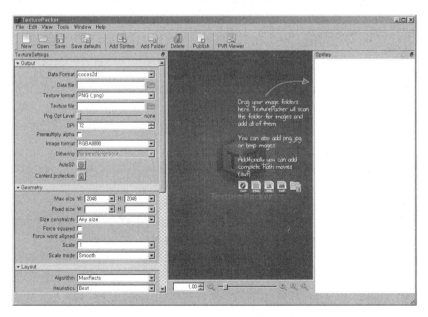

图 7-1　Texture Packer 运行界面

要制作瓦片图，先单击左上角的 Open 按钮，选择要拼合的图像。或者先在**文件夹浏览器**（Windows）或 Finder（Mac）中全选要拼合的图像，然后将所选图像拖入 Texture Packer 右侧的

Sprites，Texture Packer 将列出所有添加的图像名称并将它们显示出来，如图 7-2 所示。通过 Cocos2d-x 文件夹中的图像制作瓦片图，图像所在路径如下所示。

图像路径：cocos2d-x-3.0\tests\cpp-tests\Resources\Images

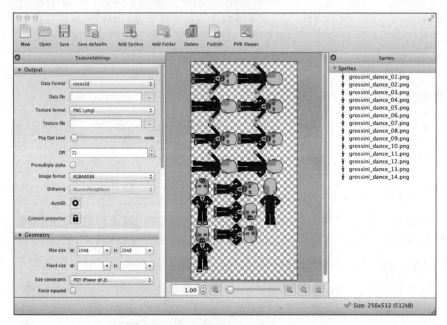

图 7-2　添加图像之后

Texture Packer 左侧的 Output 中，单击 Data Format 右侧下拉箭头，在弹出的列表中选择 cocos2d 或 cocos2d-x。然后在工具栏中单击 Publish 按钮，为输出文件（png 文件与 plist 文件）输入文件名，指定要保存的文件夹，单击 Save 按钮保存。保存完成后转到保存位置，可以看到生成的 png 文件与 plist 文件。

7.1.2　使用瓦片图

要使用制作好的瓦片图，先新建基本项目，然后将制作好的瓦片图的 png 文件与 plist 文件添加到项目。请注意，示例 7-1 的瓦片图与 plist 文件名称皆为 dance_man。

示例 7-1　init()

```
bool HelloWorld::init()
{
    if ( !Layer::init() )
    {
        return false;
    }
```

```
    SpriteFrameCache::getInstance()->
        addSpriteFramesWithFile("dance_man.plist");

    auto spr = Sprite::createWithSpriteFrameName
        ("grossini_dance_01.png");
    spr->setPosition(Point(100, 100));
    this->addChild(spr);

    return true;
}
```

下面逐行分析示例 7-1。

```
SpriteFrameCache::getInstance()->
addSpriteFramesWithFile("dance_man.plist");
```

为了使用瓦片图，先要从 plist 文件添加多个 Sprite Frame 到 Sprite Frame 缓存。示例 7-1 使用上述语句从 dance_man.plist 文件进行添加。

```
auto spr = Sprite::createWithSpriteFrameName("grossini_dance_01.png");
```

与创建普通"精灵"类似，调用 `createWithSpriteFrameName()` 方法使用 plist 中包含的图像创建"精灵"。此处使用的帧名是创建瓦片图时所用的各图像名称。plist 文件是 xml 文件，plist 文件包含的帧名全部保存到 `frames` 项。

从图 7-3 可以看到，"精灵"图像正常显示。像这样，使用 Sprite Frame 缓存中的文件不仅可以创建"精灵"，还可以创建 Sprite Frame。Sprite Frame 创建相关内容将在实现动画的时候讲解。

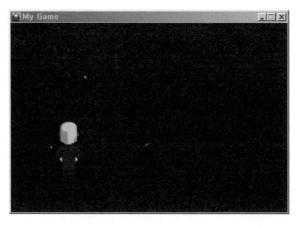

图 7-3　init()运行画面

7.2 动画

要想实现动画,需要先创建 Animation 对象,再使用 Animation 对象创建 Animate 对象。Animate 对象是用于显示动画的动作,最后调用基准"精灵"执行显示动画的动作。创建 Animation 对象时,需要向该动画添加 Sprite Frame,并且一定要设置帧间隔时间。实现动画的方式大致分为两种。

7.2.1 使用图像文件实现动画

首先学习使用图像文件实现动画的方法。实现动画之前,先把动画中要使用的 14 张图像(名称均以 grossini_dance 为前缀)添加到项目的资源文件夹。然后把 setAnimation()方法添加到 HelloWorldScene.h 文件,并在 init()方法中调用,setAnimation()方法的实现代码如示例 7-2 所示。

示例 7-2 setAnimation()

```
void HelloWorld::setAnimation()
{
    auto spr = Sprite::create("grossini_dance_01.png");
    spr->setPosition(Point(100, 100));
    this->addChild(spr);

    auto animation = Animation::create();
    animation->setDelayPerUnit(0.3);

    animation->addSpriteFrameWithFile("grossini_dance_01.png");
    animation->addSpriteFrameWithFile("grossini_dance_02.png");
    animation->addSpriteFrameWithFile("grossini_dance_03.png");
    animation->addSpriteFrameWithFile("grossini_dance_04.png");
    animation->addSpriteFrameWithFile("grossini_dance_05.png");
    animation->addSpriteFrameWithFile("grossini_dance_06.png");
    animation->addSpriteFrameWithFile("grossini_dance_07.png");
    animation->addSpriteFrameWithFile("grossini_dance_08.png");
    animation->addSpriteFrameWithFile("grossini_dance_09.png");
    animation->addSpriteFrameWithFile("grossini_dance_10.png");
    animation->addSpriteFrameWithFile("grossini_dance_11.png");
    animation->addSpriteFrameWithFile("grossini_dance_12.png");
    animation->addSpriteFrameWithFile("grossini_dance_13.png");
    animation->addSpriteFrameWithFile("grossini_dance_14.png");

    auto animate = Animate::create(animation);
    spr->runAction(animate);
}
```

示例 7-2 是 setAnimation() 方法的实现代码，下面逐行分析。

```
auto spr = Sprite::create("grossini_dance_01.png");
```

上述语句创建基准"精灵"，一般选择动画第一帧图像创建。

```
auto animation = Animation::create();
animation->setDelayPerUnit(0.3);
```

上述语句创建 Animation 对象，并将帧间隔时间设置为 0.3 秒。

```
animation->addSpriteFrameWithFile("grossini_dance_01.png");
...
```

使用 14 张图像名称将 Sprite Frame 添加到动画。

```
auto animate = Animate::create(animation);
```

该语句使用 Animation 对象（animation）创建 Animate 对象，可以认为 Animate 对象将 Animation 对象转换为动作类型。

```
spr->runAction(animate);
```

最后调用 spr 的 runAction() 方法执行 animate 动画动作，使动画动起来。

图 7-4 是执行 setAnimation() 方法播放动画的画面,动画播放完毕后就会停在最后一张图像。

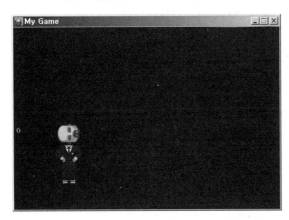

图 7-4　播放动画

若不使用 Animate 对象创建无限循环动作，则动画播放 1 次后就会停下来。下面创建无限循环动作，使动画反复播放。

示例 7-3　setAnimation()

```
void HelloWorld::setAnimation()
{
```

```cpp
    auto spr = Sprite::create("grossini_dance_01.png");
    spr->setPosition(Point(100, 100));
    this->addChild(spr);

    auto animation = Animation::create();
    animation->setDelayPerUnit(0.3);

    animation->addSpriteFrameWithFile("grossini_dance_01.png");
    animation->addSpriteFrameWithFile("grossini_dance_02.png");
    animation->addSpriteFrameWithFile("grossini_dance_03.png");
    animation->addSpriteFrameWithFile("grossini_dance_04.png");
    animation->addSpriteFrameWithFile("grossini_dance_05.png");
    animation->addSpriteFrameWithFile("grossini_dance_06.png");
    animation->addSpriteFrameWithFile("grossini_dance_07.png");
    animation->addSpriteFrameWithFile("grossini_dance_08.png");
    animation->addSpriteFrameWithFile("grossini_dance_09.png");
    animation->addSpriteFrameWithFile("grossini_dance_10.png");
    animation->addSpriteFrameWithFile("grossini_dance_11.png");
    animation->addSpriteFrameWithFile("grossini_dance_12.png");
    animation->addSpriteFrameWithFile("grossini_dance_13.png");
    animation->addSpriteFrameWithFile("grossini_dance_14.png");

    auto animate = Animate::create(animation);
    **auto action = RepeatForever::create(animate);**
    **spr->runAction(action);**
}
```

示例 7-3 添加了使用 Animate 对象创建而成的 RepeatForever 动作的代码。

auto action = RepeatForever::create(animate);

上述代码使用 animate 创建 RepeatForever 动作。

再次运行代码，可以看到动画反复播放。但上述代码中，每次添加 Sprite Frame 都要增加语句，这大大增加了代码量，所以针对该部分进行修改。

示例 7-4 setAnimation()

```cpp
void HelloWorld::setAnimation()
{
    auto spr = Sprite::create("grossini_dance_01.png");
    spr->setPosition(Point(100, 100));
    this->addChild(spr);

    auto animation = Animation::create();
    animation->setDelayPerUnit(0.3);
```

```
    for (int i=0; i<14; i++) {
        animation->addSpriteFrameWithFile(StringUtils::format
            ("grossini_dance_%02d.png", i+1));
    }

    auto animate = Animate::create(animation);
    auto action = RepeatForever::create(animate);
    spr->runAction(action);
}
```

如示例 7-4 所示，使用循环语句可以简化实现过程。

```
animation-> addSpriteFrameWithFile(StringUtils::format
("grossini_dance_%02d.png", i+1));
```

上述代码使用 `StringUtils` 创建的字符串添加 Sprite Frame。

7.2.2 使用Sprite Frame实现动画

下面学习使用 Sprite Frame 实现动画的方法。首先把 7.1 节制作的瓦片图与 plist 文件添加到项目的资源文件。

示例 7-5 setAnimation()

```
void HelloWorld::setAnimation()
{
    SpriteFrameCache::getInstance()->
        addSpriteFramesWithFile("dance_man.plist");

    auto spr = Sprite::createWithSpriteFrameName
        ("grossini_dance_01.png");
    spr->setPosition(Point(200, 100));
    this->addChild(spr);

    auto animation = Animation::create();
    animation->setDelayPerUnit(0.3);

    for (int i=0; i<14; i++) {
        auto frame = SpriteFrameCache::getInstance()->
            getSpriteFrameByName(StringUtils::format
            ("grossini_dance_%02d.png", i+1));
        animation->addSpriteFrame(frame);
    }
```

```
    auto animate = Animate::create(animation);
    spr->runAction(RepeatForever::create(animate));
}
```

示例 7-5 是使用精灵帧实现动画的代码，运行结果如图 7-5 所示。下面逐行分析。

图 7-5　使用 Sprite Frame 实现动画

```
SpriteFrameCache::getInstance()->addSpriteFramesWithFile("dance_man.plist");
```

使用 Sprite Frame 时，首先要把 `plist` 文件添加到 Sprite Frame 缓存。

```
auto spr = Sprite::createWithSpriteFrameName("grossini_dance_01.png");
```

使用 Sprite Frame 名而非文件名创建"精灵"。

```
auto frame = SpriteFrameCache::getInstance()->getSpriteFrameByName(
    StringUtils::format("grossini_dance_%02d.png", i+1));
animation->addSprite Frame(frame);
```

从 Sprite Frame 缓存中获取 Sprite Frame，然后添加到动画。

```
spr->runAction(RepeatForever::create(animate));
```

使用 animate 创建无限循环动作，直接执行。

以上就是实现动画的两种方式。除了上述两种方法外，还可以使用纹理图像区域实现动画，但其并不常用，故不再介绍。下面学习 Cocos2d-x 定时器（schedule）的使用方法。

7.3　使用定时器

Cocos2d-x 将定时器称为 schedule。根据输入参数的不同，实现定时器的方法略有不同。使用 Cocos2d-x 制作游戏时，建议使用 schedule，而不要使用 C++语句中提供的默认定时器。下面新建基本项目供练习之用。

示例 7-6 `init()`、`scheduleCallback()`

```
bool HelloWorld::init()
{
    if ( !Layer::init() )
    {
        return false;
    }

    this->schedule(schedule_selector
        (HelloWorld::scheduleCallback), 1.0);

    return true;
}

void HelloWorld::scheduleCallback(float delta)
{
    CCLOG("scheduleCallback: %f", delta);
}
```

示例 7-6 调用 `schedule()` 方法，以一定的时间间隔反复调用另一方法。

`this->schedule(schedule_selector(HelloWorld::scheduleCallback), 1.0);`

上述代码中，`schedule()` 方法带有 2 个参数，第一个参数指定要调用的方法名称，但并不直接放入方法名，而是放入通过选择器调用的方法。把调用的方法放入选择器时，只放入类名与方法名即可，无需带参数。第二个参数设置调用第一个参数指定方法的时间间隔。

```
void HelloWorld::scheduleCallback(float delta)
{
    CCLOG("scheduleCallback: %f", delta);
}
```

调用 `scheduleCallback()` 方法，它带有参数 `delta`，将 `scheduleCallback` 字符串与 `delta` 值显示到调试输出窗口。`delta` 值不是用户输入的，其所在的方法被定时器调用时，它的值为上一次方法调用时间与当前方法调用时间的差值，从调试输出窗口中可以看到，其值要比 1.0 略大一些。

虽然回调时间间隔设置为 1.0 秒，但是输出的值并不是 1.0，而比 1.0 略大。这是因为，定时器方法调用的时间由 AppDelegate.cpp 中 `setAnimationInterval()` 方法设置的时间确定。比如将游戏主动画时间间隔设置为 0.1 秒（1.0/10），那么即使将定时器方法中的回调时间间隔设置为 0.05 秒，定时器方法也会以主动画时间间隔 0.1 秒被调用。上述示例中，主动画时间间隔设置为 1.0/60 秒，约 0.016 秒，故准确地说，定时器方法不是每隔 1.0 秒调用 1 次，而是在每隔 0.016 秒被调用的主动画定时器中，过 1 秒再调用，所以调试输出窗口中最终输出的值要比 1.0 秒略大一些。在 init()方法中修改代码，如示例 7-7 所示。

示例 7-7　init()

```
bool HelloWorld::init()
{
    if ( !Layer::init() )
    {
        return false;
    }

    this->schedule(schedule_selector
        (HelloWorld::scheduleCallback), 1.0, 5, 5.0);

    return true;
}
```

示例 7-7 中的定时器方法共带有 4 个参数。

```
this->schedule(schedule_selector(HelloWorld::scheduleCallback),
1.0, 5, 5.0);
```

上述代码的前 2 个参数与示例 7-6 相同，第三个参数用于设置回调方法被调用执行的次数。上述代码将回调方法的调用次数设置为 5 次，而不是之前的无限调用。第四个参数用于设置第一个时间间隔开始执行前的等待总时间。因此，上述语句的含义为：先等待 5 秒钟，然后调用 1 次回调方法，再每隔 1 秒调用 5 次回调方法。最终，回调方法的总调用次数比设定的次数多 1 次，共被调用 6 次。再次修改 init()方法并运行，如示例 7-8 所示。

示例 7-8　init()

```
bool HelloWorld::init()
{
    if ( !Layer::init() )
    {
        return false;
    }

    this->schedule(schedule_selector(HelloWorld::scheduleCallback));

    return true;
}
```

```
this->schedule(schedule_selector(HelloWorld::scheduleCallback));
```

示例 7-8 的定时器方法仅带有 1 个参数，用于指定回调方法，且指定时只给出回调方法名。此时，回调方法将根据 AppDelegate.cpp 中设置的主动画时间间隔进行调用。

示例 7-9 `init()`、`update()`

```
bool HelloWorld::init()
{
    if ( !Layer::init() )
    {
        return false;
    }

    this->scheduleUpdate();

    return true;
}

void HelloWorld::update(float delta)
{
    CCLOG("update: %f", delta);
}
```

示例 7-9 的定时器方法完全不带参数，名称也略有不同。

```
this->scheduleUpdate();
```

如上代码所示，若不指定回调方法名，则 `scheduleUpdate()` 方法就会调用 `update()` 方法，所以使用 `scheduleUpdate()` 方法时一定要实现 `update()` 方法。由于不需要另外指定调用的时间间隔，所以调用时将按照主动画时间间隔进行调用。

示例 7-10 `init()`

```
bool HelloWorld::init()
{
    if ( !Layer::init() )
    {
        return false;
    }

    this->scheduleOnce(schedule_selector
        (HelloWorld::scheduleCallback), 5.0);

    return true;
}
```

示例 7-10 中的定时器方法名称略有不同。

```
this->scheduleOnce(schedule_selector(HelloWorld::scheduleCallback), 5.0);
```

如上代码所示，scheduleOnce()方法对指定的回调方法只调用 1 次，它带有 2 个参数，第一个参数指定回调方法，第二个参数指定调用回调方法之前要等待的时间。

到此为止，我们一共学习了 5 种定时器方法。此外还有 scheduleUpdateWithPriority()方法，它指定调用优先级，画面中包含多个层而要调用多个 scheduleUpdate()方法时，可以设定调用顺序。

定时器方法调用完成且不再使用时，可以使用如下方法终止。

- `unscheduled(schedule_selector(回调方法名))`：仅停止对 1 个回调方法的调用。
- `unscheduleAllSelectors()`：停止对所有回调方法的调用。
- `unscheduleUpdate()`：仅停止对 update()方法的调用。

7.4 小结

本章学习了动画实现方法与定时器使用方法的相关内容，第 8 章将继续学习背景滚动相关内容。

第 8 章

背景图像滚动

本章将学习背景图像的滚动方法及相关内容。游戏背景可以由 1 张图像组成，也可以由多张图像组成，如何在这两种情形下实现背景滚动，这是本章的主要内容。此外还要学习 ParallaxNode 类，它可以让背景滚动更加简便。

| 本章主要内容 |

- 单一图像背景滚动
- 多重图像背景滚动
- 使用 ParallaxNode 实现背景滚动
- 使用瓦片实现背景滚动

8.1 单一图像背景滚动

对于单一图像组成的背景，借助动作功能即可轻松实现滚动。

单一图像背景滚动实现方法

(1) 使用要充当背景的图像创建 `Sprite`。
(2) 借助 `Move` 动作，沿着要滚动的方向移动图像。
(3) 移动完成后，使用 `Place` 动作将背景图像设置到初始位置。
(4) 使用 `Move` 与 `Place` 动作创建 `Sequence` 动作。
(5) 使用 `RepeatForever` 动作反复执行 `Sequence` 动作。

首先新建基本项目，把 bg1.png 图像添加到项目的资源文件夹，然后编写代码实现背景滚动效果。

示例 8-1 initBG()

```
void HelloWorld::initBG()
{
    auto spr = Sprite::create("bg1.png");
    spr->setAnchorPoint(Point::ZERO);
    this->addChild(spr);

    auto action_0 = MoveBy::create(10.0, Point(-2000, 0));
    auto action_1 = Place::create(Point::ZERO);
    auto action_2 = Sequence::create(action_0, action_1, NULL);
    auto action_3 = RepeatForever::create(action_2);
    spr->runAction(action_3);
}
```

示例 8-1 是 initBG() 方法的实现代码，使用动作功能实现了背景的滚动效果。下面逐行分析。

```
auto spr = Sprite::create("bg1.png");
spr->setAnchorPoint(Point::ZERO);
```

上述语句首先使用 bg1.png 图像创建"精灵"，然后将锚点设置为(0, 0)。由于位置默认为(0, 0)，故不需要另外设置。将用作背景的"精灵"锚点与位置设置为(0, 0)后，实现图像滚动时，位置的计算会更加简单。

```
auto action_0 = MoveBy::create(10.0, Point(-2000, 0));
auto action_1 = Place::create(Point::ZERO);
auto action_2 = Sequence::create(action_0, action_1, NULL);
auto action_3 = RepeatForever::create(action_2);
```

由于 bg1.png 图像的宽度为 2000 像素，所以创建 MoveBy 动作使图像向左移动 2000 像素，然后创建 Place 动作使图像回到原来的位置。再使用 MoveBy 与 Place 创建 Sequence 动作，最后使用 RepeatForever 动作反复执行。实现后添加到 init() 方法进行调用，运行时即可看到滚动的背景图像。

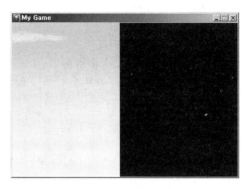

图 8-1　initBG()方法执行画面

但是，由于移动距离与图像宽度一致，所以图像右端向画面左侧移动时，画面右侧区域将不会显示任何图像。有 2 种方法可以解决该问题。

画面断裂现象的解决方法

(1) 根据画面大小截取图像前面部分拼接到图像后面，创建新图像。原 bg1.png 图像的大小为 2000×320，新图像的大小为(2000+480)×320。

(2) 使用充当背景的图像再创建"精灵"，并添加到第一个"精灵"之后。创建第二个精灵时，只要从图像上截取与画面大小相当的区域即可。

示例 8-2　initBG()

```
void HelloWorld::initBG()
{
    auto bgLayer = Layer::create();
    this->addChild(bgLayer);

    auto spr_0 = Sprite::create("bg1.png");
    spr_0->setAnchorPoint(Point::ZERO);
    spr_0->setPosition(Point::ZERO);
    bgLayer->addChild(spr_0);

    auto spr_1 = Sprite::create("bg1.png", Rect(0, 0, 480, 320));
    spr_1->setAnchorPoint(Point::ZERO);
    spr_1->setPosition(Point(2000, 0));
    bgLayer->addChild(spr_1);
```

```
    auto action_0 = MoveBy::create(10.0, Point(-2000, 0));
    auto action_1 = Place::create(Point::ZERO);
    auto action_2 = Sequence::create(action_0, action_1, NULL);
    auto action_3 = RepeatForever::create(action_2);
    bgLayer->runAction(action_3);
}
```

示例 8-2 是采用上面第二种方法实现的，下面逐行分析。

```
auto bgLayer = Layer::create();
this->addChild(bgLayer);
```

以上代码用于创建背景层，并将其添加到画面。

```
auto spr_1 = Sprite::create("bg1.png", Rect(0, 0, 480, 320));
spr_1->setAnchorPoint(Point::ZERO);
spr_1->setPosition(Point(2000, 0));
```

使用 bg1.png 图像中画面大小的区域创建"精灵"，然后将其添加到第一个"精灵"之后。

```
bgLayer->addChild(spr_0);
bgLayer->addChild(spr_1);
```

上述代码把 2 个"精灵"添加到前面创建的背景层而非 this。

```
bgLayer->runAction(action_3);
```

向背景层而非"精灵"应用动作，使背景滚动。

像这样实现背景滚动时，与直接向背景图像应用动作相比，先新建层再向其中添加用作背景的图像"精灵"，然后向层应用动作实现背景滚动，这样会更有效率。

图 8-2 是示例 8-2 的运行画面，从图中可以看到，背景一直在滚动，不再出现背景断裂现象。

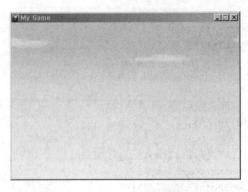

图 8-2　initBG()方法执行画面

8.2　多重图像背景滚动实现

实现多重图像背景滚动之前，先新建项目，并将 bg1.png 与 bg2.png 添加到项目的资源文件夹，然后应用与 bg1.png 相同的动作。

示例 8-3　initBG()

```cpp
void HelloWorld::initBG()
{
    auto bgLayer_1 = Layer::create();
    this->addChild(bgLayer_1);

    auto spr_1_0 = Sprite::create("bg1.png");
    spr_1_0->setAnchorPoint(Point::ZERO);
    spr_1_0->setPosition(Point::ZERO);
    bgLayer_1->addChild(spr_1_0);

    auto spr_1_1 = Sprite::create("bg1.png", Rect(0, 0, 480, 320));
    spr_1_1->setAnchorPoint(Point::ZERO);
    spr_1_1->setPosition(Point(2000, 0));
    bgLayer_1->addChild(spr_1_1);

    auto action_0 = MoveBy::create(10.0, Point(-2000, 0));
    auto action_1 = Place::create(Point::ZERO);
    auto action_2 = Sequence::create(action_0, action_1, NULL);
    auto action_3 = RepeatForever::create(action_2);
    bgLayer_1->runAction(action_3);

    auto bgLayer_2 = Layer::create();
    this->addChild(bgLayer_2);

    auto spr_2_0 = Sprite::create("bg2.png");
    spr_2_0->setAnchorPoint(Point::ZERO);
    spr_2_0->setPosition(Point::ZERO);
    bgLayer_2->addChild(spr_2_0);

    auto spr_2_1 = Sprite::create("bg2.png", Rect(0, 0, 480, 114));
    spr_2_1->setAnchorPoint(Point::ZERO);
    spr_2_1->setPosition(Point(2000, 0));
    bgLayer_2->addChild(spr_2_1);

    auto action_10 = MoveBy::create(5.0, Point(-2000, 0));
    auto action_11 = Place::create(Point::ZERO);
    auto action_12 = Sequence::create(action_10, action_11, NULL);
    auto action_13 = RepeatForever::create(action_12);
    bgLayer_2->runAction(action_13);
}
```

示例 8-3 是使用 2 张图像实现背景滚动的代码。与示例 8-2 类似，使用第二张图像创建 2 个"精灵"，然后将它们添加到第二个层，再向层应用相同的动作。此时需要注意，要根据图像的大小添加合适的"精灵"，应用 Move 动作时，移动的距离要与图像大小相当。并且，要使第二张图像的移动速度比第一张图像更快。图 8-3 是示例 8-3 的运行画面。

图 8-3　initBG() 方法的执行画面

通常对背景进行滚动时，画面后方的远景图像滚动速度要慢一些，而画面前方的近景图像移动略快。从示例 8-3 可以看到，即使背景由 2 张图像组成，要使其滚动起来也需要编写相当多的代码。如果再添加 1 张图像，使背景由 3 张图像组成，那么要实现背景滚动，需要增加的代码与添加第二张图像时所用的代码数量相同。像这样，每次向背景添加图像就要添加相应代码，这大大增加了代码量。为了解决该问题，Cocos2d-x 引入了 ParallaxNode 类。

8.3　使用 **ParallaxNode** 类实现背景滚动

使用 ParallaxNode 实现背景滚动时，并不是分别向各图像应用动作，而是向 ParallaxNode 应用动作，把"精灵"添加到 ParallaxNode 的同时设置移动速度比例。因此，ParallaxNode 的 addChild() 方法与之前使用的 addChild() 方法略有不同。

void addChild(Node* child, int z, const Point& parallaxRatio, const Point& positionOffset)

- Node* child：该参数与以前的 addChild() 方法相同，指定要添加的 Node。
- int z：设置 Z 轴顺序（z-order）。
- const Point& parallaxRatio：设置"精灵"相对于 ParallaxNode 的移动比例。虽然为 Point 类型，但并不用于表示坐标点，而是分别表示 X 轴方向上的移动比例和 Y 轴方向上的移动比例。
- const Point& positionOffset：该参数用于指定节点添加到 ParallaxNode 的坐标。因此，创建要添加到其中的"精灵"节点时，不需要再调用 setPositon() 方法以指定位置。

示例 8-4 initBG()

```cpp
void HelloWorld::initBG()
{
    auto node = ParallaxNode::create();
    this->addChild(node);

    auto action_0 = MoveBy::create(10.0, Point(-2000, 0));
    auto action_1 = Place::create(Point::ZERO);
    auto action_2 = Sequence::create(action_0, action_1, NULL);
    auto action_3 = RepeatForever::create(action_2);
    node->runAction(action_3);

    auto spr_0 = Sprite::create("bg1.png");
    spr_0->setAnchorPoint(Point::ZERO);
    node->addChild(spr_0, 0, Point(1, 0), Point::ZERO);

    auto spr_1 = Sprite::create("bg1.png", Rect(0, 0, 480, 320));
    spr_1->setAnchorPoint(Point::ZERO);
    node->addChild(spr_1, 0, Point(1, 0), Point(2000, 0));

    auto spr_2 = Sprite::create("bg2.png");
    spr_2->setAnchorPoint(Point::ZERO);
    node->addChild(spr_2, 1, Point(2, 0), Point::ZERO);

    auto spr_3 = Sprite::create("bg2.png");
    spr_3->setAnchorPoint(Point::ZERO);
    node->addChild(spr_3, 1, Point(2, 0), Point(2000, 0));

    auto spr_4 = Sprite::create("bg2.png", Rect(0, 0, 480, 114));
    spr_4->setAnchorPoint(Point::ZERO);
    node->addChild(spr_4, 1, Point(2, 0), Point(4000, 0));
}
```

示例 8-4 是使用 `ParallaxNode` 实现多图像背景滚动的代码，下面逐行分析。

```cpp
auto node = ParallaxNode::create();
this->addChild(node);
```

首先创建 `ParallaxNode` 而非 `Layer` 的对象。使用 `ParallaxNode` 时，不需要再单独创建背景层。

```cpp
node->runAction(action_3);
```

向 `ParallaxNode` 应用滚动动作，根据基准图像 bg1.png 的宽度移动。

```
node->addChild(spr_0, 0, Point(1, 0), Point::ZERO);
node->addChild(spr_1, 0, Point(1, 0), Point(2000, 0));
```

创建"精灵"并添加到 ParallaxNode，同时把 bg1.png 图像的 z-order 设置为 0，将沿 X 轴的移动速度比例设置为 1，使得沿 Xx 轴的移动速度与 ParallaxNode 的移动速度相同。由于没有沿 Y 轴方向移动，故设置为 0，所以输入 Point(1, 0)。由于第一个 bg1.png "精灵"的偏移位置为 Point(0, 0)，所以设置为 Point::ZERO，把第二个图像"精灵"设置到后移图像大小的位置上。

```
node->addChild(spr_2, 1, Point(2, 0), Point::ZERO);
node->addChild(spr_3, 1, Point(2, 0), Point(2000, 0));
node->addChild(spr_4, 1, Point(2, 0), Point(4000, 0));
```

上述语句把 bg2.png 图像创建的 3 个"精灵"的 z-order 设置为 1，移动速度设置为 ParallaxNode 的 2 倍。

由于 ParallaxNode 的基本移动距离为 2000 像素，且 bg2.png 移动速度为其 2 倍，所以相同时间内 bg2.png 的移动距离为 4000 像素（2000×2）。因此，要使用 bg2.png 图像创建 2 个"精灵"，并将其衔接起来，以抵消 2 倍移动速度带来的影响。最后再从 bg2.png 图像上相当于画面宽度（480 像素）的区域创建"精灵"，拼接到前面 2 张图像之后，防止出现画面断裂现象。像这样滚动多重图像背景时，设置动作的移动距离要先准确计算各张图像的移动距离，然后根据移动距离在合适位置添加图像。滚动背景时，与向各张图像应用动作相比，使用 ParallaxNode 实现背景滚动更简便。但使用之前先要准确计算滚动图像的大小、速度，避免画面出现断裂现象。如果背景仅由单一图像组成，建议不要使用 ParallaxNode 实现背景滚动，否则反而降低效率。

8.4 使用瓦片图实现背景滚动

制作游戏时，有些背景由多张大图像组成，有些背景由许多小的瓦片图组成。本节将学习瓦片图组成的背景的滚动方法。

> **提示** Cocos 2d-x 3.0 以前的版本中，使用 SpriteBatchNode 减少绘图调用（Draw Call）的次数，提高画面的显示效率。但从 Cocos 2d-x 3.0 版本开始，官方推荐直接使用 Sprite，不再鼓励使用 SpriteBatchNode。

示例 8-5 initBG()

```
void HelloWorld::initBG()
{
    for (int i=0; i<15; i++) {
        for (int j=0; j<7; j++) {
            auto spr = Sprite::create("tile.png");
```

```
            spr->setAnchorPoint(Point::ZERO);
            spr->setPosition(Point(i*33, j*49));
            this->addChild(spr);
        }
    }
}
```

示例 8-5 是使用 tile.png 图像实现大海背景的代码。tile.png 图像的大小为 33×49，要用它填满大小为 480×320 的画面，需要通过循环语句用 tile.png 图像创建 15×7 个"精灵"，并将它们按棋盘方式排列覆盖整个画面。图 8-4 是示例 8-5 的运行画面，可以看到瓦片图组成的整个背景画面。

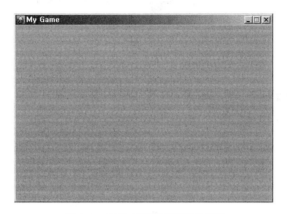

图 8-4　瓦片图组成的背景画面

继续添加代码，使瓦片图组成的背景滚动起来。

示例 8-6　initBG()

```
void HelloWorld::initBG()
{
    auto bgLayer = Layer::create();
    this->addChild(bgLayer);

    for (int i=0; i<15; i++) {
        for (int j=0; j<8; j++) {
            auto spr = Sprite::create("tile.png");
            spr->setAnchorPoint(Point::ZERO);
            spr->setPosition(Point(i*33, j*49));
            bgLayer->addChild(spr);
        }
    }

    auto action_0 = MoveBy::create(2.0, Point(0, -49));
```

```
    auto action_1 = Place::create(Point::ZERO);
    auto action_2 = Sequence::create(action_0, action_1, NULL);
    auto action_3 = RepeatForever::create(action_2);
    bgLayer->runAction(action_3);
}
```

示例 8-6 是瓦片图组成的背景画面实现滚动的源代码。首先创建背景层以执行滚动背景的动作。滚动背景的动作与前面所用的动作是一样的，但为了防止背景向下滚动时顶部出现空行，要事先在背景顶部额外增加 1 行瓦片图，并把向下移动的距离设为单个瓦片图的高度。因此，示例 8-6 内层循环语句中的控制条件为 j<8 而不是 j<7，而且 MoveBy 动作把移动距离设置为 49 像素，即 1 个瓦片图的高度。

8.5 小结

本章主要学习了背景滚动方法和瓦片图背景的构成方法。第 9 章将实际制作横版游戏，帮助各位进一步理解前面所学内容。

第 9 章

游戏制作实战 2：横版游戏

本章将综合运用第 7 章和第 8 章讲解的动画与背景滚动知识制作横版游戏，这是一款水平滚动游戏，本章只实现其主体部分，而对菜单部分不做实现。

| 本章主要内容 |

- 背景滚动
- 角色动画
- 通过触摸事件实现跳跃
- 障碍物的生成与移动
- 障碍物与角色的碰撞检测

9.1 游戏结构

本章只实现横版游戏的主体部分，游戏菜单的实现可以参考 6.1.1 节。横版游戏将按如下顺序实现。

(1) 实现背景滚动。
(2) 实现角色动画。
(3) 通过触摸事件实现角色跳跃。
(4) 障碍物的生成与移动。
(5) 障碍物与角色的碰撞检测。

首先新建基本项目，把游戏中需要使用的图像添加到项目的资源文件夹。然后把文件名由 HelloWorldScene 改为 GameScene，类名也从 HelloWorld 修改为 GameScene。修改好文件名与类名后，还要在 AppDelegate.cpp 中把 HelloWorldScene.h 改为 GameScene.h，文件中的 HelloWorld::createScene() 也要相应修改为 GameScene::createScene()。

9.2 实现背景滚动

游戏背景由 2 张图片组成，所以使用 ParallaxNode 实现背景滚动效果。向 GameScene.h 文件添加 initBG() 方法，然后在 GameScene.cpp 中实现，如示例 9-1 所示。实现 initBG() 方法后，再将其添加到 init() 方法。

示例 9-1 initBG()

```
void GameScene::initBG()
{
    auto node = ParallaxNode::create();
    this->addChild(node);

    auto action_0 = MoveBy::create(20.0, Point(-2000, 0));
    auto action_1 = Place::create(Point::ZERO);
    auto action_2 = Sequence::create(action_0, action_1, NULL);
    auto action_3 = RepeatForever::create(action_2);
    node->runAction(action_3);

    auto spr_0 = Sprite::create("bg1.png");
    spr_0->setAnchorPoint(Point::ZERO);
    node->addChild(spr_0, 0, Point(1, 0), Point::ZERO);

    auto spr_1 = Sprite::create("bg1.png", Rect(0, 0, 480, 320));
    spr_1->setAnchorPoint(Point::ZERO);
```

```
    node->addChild(spr_1, 0, Point(1, 0), Point(2000, 0));

    auto spr_2 = Sprite::create("bg2.png");
    spr_2->setAnchorPoint(Point::ZERO);
    node->addChild(spr_2, 1, Point(2, 0), Point::ZERO);

    auto spr_3 = Sprite::create("bg2.png");
    spr_3->setAnchorPoint(Point::ZERO);
    node->addChild(spr_3, 1, Point(2, 0), Point(2000, 0));

    auto spr_4 = Sprite::create("bg2.png", Rect(0, 0, 480, 114));
    spr_4->setAnchorPoint(Point::ZERO);
    node->addChild(spr_4, 1, Point(2, 0), Point(4000, 0));
}
```

下面逐行分析示例 9-1。

```
auto node = ParallaxNode::create();
this->addChild(node);
```

上述代码创建 `ParallaxNode`，并将其添加到游戏主层 `this`。

```
auto action_0 = MoveBy::create(20.0, Point(-2000, 0));
auto action_1 = Place::create(Point::ZERO);
auto action_2 = Sequence::create(action_0, action_1, NULL);
auto action_3 = RepeatForever::create(action_2);
node->runAction(action_3);
```

上述代码不断重复先向左移动 2,000 像素再返回原位的动作，最后由 node 节点执行该复合动作。

创建滚动背景时要用到 5 个"精灵"，其中 `spr_0` 与 `spr_1` "精灵"使用 bg1.png 图像创建，`spr_2`、`spr_3`、`spr_4` "精灵"使用 bg2.png 图像创建。

```
node->addChild(spr_0, 0, Point(1, 0), Point::ZERO);
```

上述代码将 `spr_0` 添加到 node，同时指定 Z 轴顺序为 0，沿 X 轴的移动速度与 node 相同，故设置为 1。由于不沿 Y 轴移动，所以设置为 0。将 `spr_0` 设置到 node 的(0, 0)位置。

```
node->addChild(spr_1, 0, Point(1, 0), Point(2000, 0));
```

从 bg1.png 图像上划出与画面大小相同的区域(480, 320)创建"精灵" `spr_1`，再将其添加到 node。与添加 `spr_0` 不同的是，要将其设置到(2000, 0)位置上，即把它拼接到 `spr_0`（bg1.png 宽度为 2000 像素）的右侧。

```
node->addChild(spr_2, 1, Point(2, 0), Point::ZERO);
```

使用 bg2.png 图像创建 spr_2 "精灵"，然后将其添加到 node，设置其 Z 轴顺序为 1，让它位于 spr_0、spr_1 前面，并设置其沿 X 轴的移动速度为 node 的 2 倍，即设置为 2。因不沿 Y 轴移动，故设置为 0。最后，将 spr_2 设置到 node 的(0, 0)位置。

```
node->addChild(spr_3, 1, Point(2, 0), Point(2000, 0));
```

继续创建"精灵"spr_3，因为沿 X 轴移动速度为 2 倍，所以最后将其设置到(2000, 0)位置上。

```
node->addChild(spr_4, 1, Point(2, 0), Point(4000, 0));
```

类似于创建 spr_1 "精灵"，根据画面宽度创建 spr_4 "精灵"。

图 9-1 是示例 9-1 的运行画面。

图 9-1　initBG()

9.3　实现角色动画

横版游戏中，角色动画由 4 帧组成。动画帧并不是由一张张单独的图像文件组成的，而是包含于一个单一的图像文件（man.png）。先向 GameScene.h 文件添加并实现 initMan()方法，再像 initBG()方法一样，把实现后的 initMan()方法添加到 init()方法。实现角色动画之前，先创建要应用动画的"精灵"。

示例 9-2　initMan()

```
void GameScene::initMan()
{
    SpriteFrameCache::getInstance()->
        addSpriteFramesWithFile("man.plist");

    auto spr = Sprite::createWithSpriteFrameName("man_0.png");
    spr->setAnchorPoint(Point(0.5, 0));
```

```
    spr->setPosition(Point(240, 50));
    spr->setTag(TAG_SPRITE_MAN);
    this->addChild(spr);
}
```

下面逐行分析示例 9-2。

`SpriteFrameCache::getInstance()->addSpriteFramesWithFile("man.plist");`

如上所示,为了使用 man.plist 中注册的帧图像,先把 man.plist 文件包含的帧图像添加到 SpriteFrameCache。

`auto spr = Sprite::createWithSpriteFrameName("man_0.png");`

以前使用 create() 方法创建"精灵",但此处调用 createWithSpriteFrameName() 方法,使用 SpriteFrameCache 中注册的帧图像创建"精灵"。

`spr->setAnchorPoint(Point(0.5, 0));`

为了更方便地设置与障碍物的碰撞检测,将锚点设置为(0.5, 0),即把锚点设置到角色人物的中下部。

`spr->setTag(TAG_SPRITE_MAN);`

上述代码为"精灵"设置标记,方便在触摸事件中再次使用。标记在 GameScene.h 中的定义如下。

```
#define TAG_SPRITE_MAN          1
#define TAG_SPRITE_BLOCK        2
```

图 9-2 是示例 9-2 的运行结果。

图 9-2 initMan()

由图可知，虽然背景在滚动，但是由于角色动画尚未实现，所以整个游戏画面看上去还不是很自然。

示例 9-3 initMan()

```
void GameScene::initMan()
{
    SpriteFrameCache::getInstance()->
        addSpriteFramesWithFile("man.plist");

    auto spr = Sprite::createWithSpriteFrameName("man_0.png");
    spr->setAnchorPoint(Point(0.5, 0));
    spr->setPosition(Point(240, 50));
    spr->setTag(TAG_SPRITE_MAN);
    this->addChild(spr);

    auto animation = Animation::create();
    animation->setDelayPerUnit(0.2);

    for (int i=0; i<4; i++) {
        auto frame = SpriteFrameCache::getInstance()->
            getSpriteFrameByName(StringUtils::format("man_%d.png", i));
        animation->addSpriteFrame(frame);
    }

    auto animate = Animate::create(animation);
    spr->runAction(RepeatForever::create(animate));
}
```

在示例 9-2 的基础上，示例 9-3 添加了实现角色动画的相关代码 Animation 和 Animate。下面逐行分析。

`animation->setDelayPerUnit(0.2);`

上述代码将 animation 各帧的切换速度设置为 0.2 秒。

```
auto frame = SpriteFrameCache::getInstance()->
getSpriteFrameByName(StringUtils::format("man_%d.png", i));
animation->addSpriteFrame(frame);
```

上述语句从 `SpriteFrameCache` 中取出 `SpriteFrame`，然后以动画帧的形式进行添加。

```
auto animate = Animate::create(animation);
spr->runAction(RepeatForever::create(animate));
```

首先使用刚刚创建的 animation 生成 animate，然后向其应用无限循环动作。

图 9-3 是示例 9-3 的运行画面。可以看到,角色动画播放正常,背景滚动也正常。虽然角色人物位置没有变化,但仍然给人一种奔跑的感觉。

图 9-3　initMan()

接下来实现触摸动作,玩家触摸屏幕时,角色人物将跳跃。

9.4　通过触摸事件实现角色跳跃

首先在 `init()` 方法中添加如下代码,开启触摸事件。请注意,本示例游戏使用单点触摸事件,而非多点触摸事件。

```
auto listener = EventListenerTouchOneByOne::create();
listener->onTouchBegan = CC_CALLBACK_2(GameScene::onTouchBegan, this);
Director::getInstance()->getEventDispatcher()->
addEventListenerWithFixedPriority(listener, 1);
```

需要注意的是,onTouchBegan()方法返回值为 bool 型,而非 void 型,所以在 GameScene.h 文件中声明时,应声明为 `bool onTouchBegan(Touch *touch, Event *unused_event)`。

示例 9-4　onTouchBegan()

```
bool GameScene::onTouchBegan(Touch *touch, Event *unused_event)
{
    auto *spr = (Sprite*)this->getChildByTag(TAG_SPRITE_MAN);

    auto action = JumpBy::create(1.0, Point::ZERO, 200, 1);
    spr->runAction(action);

    return true;
}
```

示例9-4先通过标记获取 initMan() 方法中创建的"精灵",然后向其应用 JumpBy 动作。上述实现代码看似正确,但有个问题需要注意,角色人物处于跳跃状态时,若玩家再次触摸屏幕,角色人物就会从跳跃状态再次进行跳跃。为了解决该问题,对 onTouchBegan() 方法作如下修改。

示例9-5 `onTouchBegan()`

```
bool GameScene::onTouchBegan(Touch *touch, Event *unused_event)
{
    if (!isJump) {
        isJump = true;

        auto spr = (Sprite*)this->getChildByTag(TAG_SPRITE_MAN);

        auto action = JumpBy::create(1.0, Point::ZERO, 200, 1);
        spr->runAction(action);
    }

    return true;
}
```

示例9-5引入布尔类型变量 isJump,以保证人物在跳跃时不会再次发生跳跃。使用变量 isJump 前,要先在 GameScene.h 文件中声明。仔细观察示例9-5还会发现,角色人物跳跃1次后,变量 isJump 的值就不再变为 false,这样角色人物就无法再次进行跳跃了。因此,跳跃动作结束后,需要调用将变量 isJump 的值再次修改为 false。首先需要在 GameScene.h 文件中声明。

示例9-6 GameScene.h

```
#ifndef __GAME_SCENE_H__
#define __GAME_SCENE_H__

#include "cocos2d.h"

USING_NS_CC;

#define TAG_SPRITE_MAN          1
#define TAG_SPRITE_BLOCK        2

class GameScene : public Layer
{
public:

    static Scene* createScene();

    virtual bool init();
    CREATE_FUNC(GameScene);
```

9.4 通过触摸事件实现角色跳跃

```
    bool isJump;

    void initData();
    void initBG();
    void initMan();

    void resetJump();

    bool onTouchBegan(Touch *touch, Event *unused_event);
};

#endif
```

示例 9-6 在 GameScene.h 中声明了 resetJump() 方法，用于重置 isJump，也声明了 initData() 方法，用于初始化声明的变量值。

示例 9-7　initData()

```
void GameScene::initData()
{
    isJump = false;
}
```

示例 9-7 是 initData() 方法的实现代码，用于初始化声明的变量值。到目前为止也只有 isJump，为此，需要把 initData() 方法添加到 init() 方法的最前面。

示例 9-8　resetJump()

```
void GameScene::resetJump()
{
    isJump = false;
}
```

示例 9-8 是 resetJump() 方法的实现代码，跳跃动作完成后即调用该方法。接下来，在 onTouchBegan() 方法中添加调用 resetJump() 方法的代码。

示例 9-9　onTouchBegan()

```
bool GameScene::onTouchBegan(Touch *touch, Event *unused_event)
{
    if (!isJump) {

        isJump = true;
```

```
            auto spr = (Sprite*)this->getChildByTag(TAG_SPRITE_MAN);

            auto action = Sequence::create(
                    JumpBy::create(1.0, Point::ZERO, 200, 1),
                    CallFunc::create(CC_CALLBACK_0
                    (GameScene::resetJump, this)),
                    NULL);
            spr->runAction(action);
    }

        return true;
}
```

示例 9-9 添加了调用 resetJump() 方法的代码，如下所示。

```
auto action = Sequence::create(
        JumpBy::create(1.0, Point::ZERO, 200, 1),
        CallFunc::create(CC_CALLBACK_0
        (GameScene::resetJump, this)),
        NULL);
spr->runAction(action);
```

上述代码先使用 JumpBy 动作与调用 resetJump() 方法的 CallFunc 动作创建 Sequence 动作，再由"精灵"执行。

运行代码，如图 9-4 所示，角色人物实现正常跳跃。

图 9-4　跳跃中的角色人物

9.5 障碍物的生成与移动

下面创建画面中出现的障碍物，创建时使用 schedule() 方法，每 5 秒设置 1 个障碍物。

示例 9-10 init()

```
bool GameScene::init()
{
    if ( !Layer::init() )
    {
        return false;
    }

    auto listener = EventListenerTouchOneByOne::create();
    listener->onTouchBegan =
        CC_CALLBACK_2(GameScene::onTouchBegan, this);
    Director::getInstance()->getEventDispatcher()->
        addEventListenerWithFixedPriority(listener, 1);

    initData();
    initBG();
    initMan();

    this->schedule(schedule_selector(GameScene::setBlock), 5.0);

    return true;
}
```

示例 9-10 使用 schedule() 方法，每 5 秒调用 1 次 setBlock() 方法在画面中设置障碍物。首先在 GameScene.h 文件中声明 setBlock() 方法，实现代码如示例 9-11 所示。

示例 9-11 setBlock()

```
void GameScene::setBlock(float delta)
{
    auto spr = Sprite::create("block.png");
    spr->setAnchorPoint(Point(0.5, 0));
    spr->setPosition(Point(480+50, 50));
    spr->setTag(TAG_SPRITE_BLOCK);
    this->addChild(spr);

    auto action = MoveBy::create(2.0, Point(-600, 0));
    spr->runAction(action);
}
```

示例 9-11 先创建障碍物"精灵",然后将其设置到画面右侧边框之外 50 像素的位置上,最后创建 MoveBy 动作,并让障碍物"精灵"执行,2 秒钟内使其向左移动 600 像素。后面进行碰撞检测时需要障碍物信息,所以上述代码也为障碍物"精灵"设置了标记,以便需要时能够快速得到。

图 9-5 创建障碍物

运行示例 9-11,结果如图 9-5 所示。画面中每隔 5 秒即生成障碍物,且从画面右侧往左侧移动。但是,仍然有几个问题需要考虑。首先,障碍物的移动速度比地面的移动速度快,使障碍物看上去不在地面上,就像漂浮在前面移动一样。另一个问题是,游戏进行过程中,障碍物的数量越来越多。首先修改障碍物的移动速度,使其与地面的移动速度一致。从前面内容可知,背景天空在 20 秒内移动了 2000 像素,地面在 20 秒内移动了 4000 像素,即每秒移动 200 像素。要使障碍物与地面保持相同的移动速度,需要修改 MoveBy 动作,把障碍物的移动时间设置为 3 秒,即 3 秒移动 600 像素。游戏中障碍物的数量越来越多的原因在于,障碍物移出画面范围后仍然存在,并没有从画面与内存中删除。为了删除移出画面的障碍物,应该在障碍物的移动动作完成后接着执行 RemoveSelf 动作。

示例 9-12 `setBlock()`

```
void GameScene::setBlock(float delta)
{
    auto spr = Sprite::create("block.png");
    spr->setAnchorPoint(Point(0.5, 0));
    spr->setPosition(Point(480+50, 50));
    spr->setTag(TAG_SPRITE_BLOCK);
    this->addChild(spr);

    auto action = Sequence::create(
                            MoveBy::create(3.0, Point(-600, 0)),
                            RemoveSelf::create(),
                            NULL);
```

```
    spr->runAction(action);
}
```

示例 9-12 的 `setBlock()` 方法先修改了移动速度，然后在障碍物的移动动作完成后接着执行 `RemoveSelf` 动作。

9.6　障碍物与角色人物的碰撞检测

应该在图像绘制的每帧检测障碍物与角色人物的碰撞，为此，需要向 `init()` 方法添加 `scheduleUpdate()` 方法。使用 `scheduleUpdate()` 方法时，不需要为其另外指定调用的方法，它会自动调用 `update()` 方法。下面实现 `update()` 方法。

示例 9-13　`update()`

```
void GameScene::update(float delta)
{
    if (this->getChildByTag(TAG_SPRITE_BLOCK)!=NULL) {

        auto sprMan = (Sprite*)this->
            getChildByTag(TAG_SPRITE_MAN);
        auto sprBlock = (Sprite*)this->
            getChildByTag(TAG_SPRITE_BLOCK);

        Rect rectMan = sprMan->getBoundingBox();
        Rect rectBlock = sprBlock->getBoundingBox();

        if (rectMan.intersectsRect(rectBlock)) {
            Director::getInstance()->pause();
        }
    }
}
```

示例 9-13 是 `update()` 方法的实现代码。画面中不存在障碍物时无需进行碰撞检测，所以先判断画面中是否有障碍物存在。若存在，就通过相应标记获取角色"精灵"与障碍物"精灵"，然后使用 `getBoundingBox()` 方法得到相应"精灵"包围盒，再调用 `intersectsRect()` 方法进行碰撞检测，若发生碰撞，则暂停游戏。

图 9-6　角色与障碍物碰撞

但是，从图 9-6 中可以发现，虽然看上去没有发生碰撞，但是仍被检测为发生碰撞而暂停游戏。这是因为，被检测对象（如障碍物）的形状为矩形或接近矩形时，不会有任何问题；但被检测对象（如角色人物）的形状不是矩形时，对象的可视区域以及透明区域都成为矩形检测区域的一部分，这样就会使监测区域设置较大。下面对检测碰撞的角色区域进行微调。由于人物"精灵"的锚点位于(0.5, 0)，所以获得的人物"精灵"坐标位于图像中下部。创建矩形区域时，以人物图像中下部为基准，将 x 从当前"精灵"位置左移 5 像素，y 轴坐标保持当前位置不变，宽度设置为 10 像素，高度与图像高度相同。通过这样的矩形进行碰撞检测能够得到更自然的视觉效果。

示例 9-14　update()

```
void GameScene::update(float delta)
{
    if (this->getChildByTag(TAG_SPRITE_BLOCK)!=NULL) {
        
        auto sprMan = (Sprite*)this->
            getChildByTag(TAG_SPRITE_MAN);
        auto sprBlock = (Sprite*)this->
            getChildByTag(TAG_SPRITE_BLOCK);
        
        Rect rectMan = Rect(sprMan->getPositionX()-5, sprMan->
            getPositionY(), 10, sprMan->getContentSize().height);
        Rect rectBlock = sprBlock->getBoundingBox();
        
        if (rectMan.intersectsRect(rectBlock)) {
            Director::getInstance()->pause();
        }
    }
}
```

```
Rect rectMan = Rect(sprMan->getPositionX()-5, sprMan->
getPositionY(), 10, sprMan->getContentSize().height);
```

示例9-14修改了进行碰撞检测的矩形区域，图9-7是修改后的运行结果。可以看到，碰撞检测变得更加自然。

图9-7 修改后的碰撞检测效果

角色人物与障碍物发生碰撞时，游戏暂停下来。若玩家此时触摸屏幕，游戏应该继续进行。下面通过修改 onTouchBegan() 方法实现此功能。修改 onTouchBegan() 方法前，首先要在 GameScene.h 文件中声明 isStop 变量，以保存游戏是否处于停止状态，并且在 initData() 方法中将 isStop 初始化为 false。角色人物与障碍物发生碰撞时，将 isStop 值修改为 true。

示例9-15 update()

```
void GameScene::update(float delta)
{
    if (this->getChildByTag(TAG_SPRITE_BLOCK)!=NULL) {
        
        auto sprMan = (Sprite*)this->
            getChildByTag(TAG_SPRITE_MAN);
        auto sprBlock = (Sprite*)this->
            getChildByTag(TAG_SPRITE_BLOCK);
        
        Rect rectMan = Rect(sprMan->getPositionX()-5, sprMan->
            getPositionY(), 10, sprMan->getContentSize().height);
        Rect rectBlock = sprBlock->getBoundingBox();
        
        if (rectMan.intersectsRect(rectBlock)) {
            Director::getInstance()->pause();
            isStop = true;
        }
    }
}
```

示例 9-15 在角色人物与障碍物发生碰撞时将 isStop 值修改为 true。

示例 9-16 `onTouchBegan()`

```cpp
bool GameScene::onTouchBegan(Touch *touch, Event *unused_event)
{
    if (isStop) {
        auto sprBlock = (Sprite*)this->
            getChildByTag(TAG_SPRITE_BLOCK);
        this->removeChild(sprBlock);

        Director::getInstance()->resume();
        isStop = false;
    }
    else if (!isJump) {
        isJump = true;

        auto spr = (Sprite*)this->getChildByTag(TAG_SPRITE_MAN);

        auto action = Sequence::create(
                JumpBy::create(1.0, Point::ZERO, 200, 1),
                CallFunc::create(CC_CALLBACK_0
                (GameScene::resetJump, this)),
                NULL);
        spr->runAction(action);
    }

    return true;
}
```

示例 9-16 处理游戏暂停后玩家的触屏事件。负责处理的代码先获取障碍物对象，然后将其从画面中删除。若不删除先前发生碰撞的障碍物，那么游戏再次进行时，角色人物会与它再次发生碰撞而使游戏再次暂停。因此，为了避免出现这一问题，一定要删除先前发生碰撞的障碍物，之后就可以正常运行游戏的所有代码了。

9.7 小结

本章编写的横版游戏是简单的水平滚动游戏，角色人物在画面中奔跑，遇到障碍物时跳过并继续前进。第 10 章将学习游戏数据管理相关知识。

第10章

游戏数据管理

本章将学习高效管理游戏数据的方法。先通过简单的示例学习 Vector，使用它能够对多个数据进行更有效的管理，然后学习 Cocos2d-x 提供的保存简单数据的 UserDefault。

| 本章主要内容 |

- Vector
- UserDefault

10.1 "消除笑脸"游戏

本节将通过一款简单的游戏学习管理游戏数据的方法。

- 游戏名称：消除笑脸
- 游戏方法：触摸画面中出现的笑脸进行消除。

本示例为"消除笑脸"游戏，画面中出现笑脸后，用手指触摸笑脸进行消除。由于"消除笑脸"游戏仅用作示例，所以将不实现游戏的开始与结束画面。游戏开始后，画面中将不断出现笑脸图像，图像达到 10 张以上时，将不再继续显示。先创建基本项目，把要用的 Pea.png 图像文件放入项目的资源文件夹。然后把 HelloWorldScene.h 与 HelloWorldScene.cpp 文件名分别改为 GameScene.h 与 GameScene.cpp，把类名从 HelloWorld 改为 Game。先在画面中显示 1 个笑脸，然后触摸消除。

示例 10-1 GameScene.h

```cpp
#ifndef __GAME_SCENE_H__
#define __GAME_SCENE_H__

#include "cocos2d.h"

USING_NS_CC;

class Game: public Layer
{
public:

    static Scene* createScene();

    virtual bool init();
    CREATE_FUNC(Game);

    Size winSize;

    void initData();
    void initSmile();

    bool onTouchBegan(Touch *touch, Event *unused_event);
};

#endif
```

10.1 "消除笑脸"游戏

示例 10-1 是将 HelloWorldScene.h 文件的文件名和类名修改为 Game 得到的。下面逐行分析。

```
Size winSize;
```

声明 winSize 变量，保存画面大小。

```
void initData();
void initSmile();
```

上述代码分别声明了 initData() 与 initSmile() 方法，前一个方法初始化游戏中要使用的变量，后一个方法创建笑脸"精灵"。

```
bool onTouchBegan(Touch *touch, Event *unused_event);
```

声明 onTouchBegan() 方法，触摸事件发生时进行回调。

示例 10-2 initData()

```
void Game::initData()
{
    winSize = Director::getInstance()->getWinSize();

    auto listener = EventListenerTouchOneByOne::create();
    listener->onTouchBegan = CC_CALLBACK_2
        (Game::onTouchBegan, this);
    Director::getInstance()->getEventDispatcher()->
        addEventListenerWithFixedPriority(listener, 1);

    srand(time(NULL));
}
```

示例 10-2 是 initData() 方法的实现代码，先把画面大小保存到 winSize，再设置以触发单点触摸事件。

```
srand(time(NULL));
```

为了每次运行时生成不同随机数，通过 srand() 方法将生成随机数时使用的基准值初始化为当前时间。

示例 10-3 initSimle()

```
void Game::initSmile()
{
    float x = rand()%(int)winSize.width;
    float y = rand()%(int)winSize.height;

    auto spr = Sprite::create("Pea.png");
    spr->setPosition(Point(x, y));
```

```
    spr->setTag(1);
    this->addChild(spr);
}
```

示例 10-3 的 initSimle() 方法创建笑脸 "精灵"，并将其随机设置到画面中。

float x = rand()%(int)winSize.width;
float y = rand()%(int)winSize.height;

坐标 x 与 y 值是使用 rand() 方法与画面大小随机生成的，位于画面内部。请注意，画面大小值为 float 类型，但是求余运算要求操作数为 int 型，所以需要先把 winSize 的值转换为 int 型。

示例 10-4 init()

```
bool Game::init()
{
    if ( !Layer::init() )
    {
        return false;
    }

    initData();
    initSmile();

    return true;
}
```

示例 10-4 是 init() 方法的实现代码，其中添加了调用 initData() 与 initSmile() 方法的代码。

示例 10-5 onTouchBegan()

```
bool Game::onTouchBegan(Touch *touch, Event *unused_event)
{
    Point location = touch->getLocation();

    auto spr = (Sprite*)this->getChildByTag(1);
    Rect rect = spr->getBoundingBox();

    if (rect.containsPoint(location)) {

        if (spr->getScale()<=0.25) {
            this->removeChild(spr);
        }
```

```
        else {
            spr->setScale(spr->getScale()/2);
        }
    }

    return true;
}
```

示例10-5是onTouchBegan()方法的实现代码,用于处理单点触摸事件。onTouchBegan()方法中,先获取触摸点坐标,并通过标记得到笑脸"精灵",然后检测触摸点是否位于笑脸"精灵"的包围盒之内。若是,则获取笑脸"精灵"的缩放因子,并将其与 0.25 比较。缩放因子大于等于 0.25,则把笑脸图像缩小为原来的 1/2,不断缩小直到缩放因子小于等于 0.25,此时直接把笑脸"精灵"从画面中删除。图 10-1 是上述代码的运行结果。

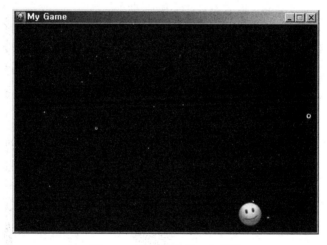

图 10-1 画面仅显示 1 个笑脸

这样就简单实现了"消除笑脸"游戏。由于画面仅显示 1 个笑脸,所以可以通过标记轻松获取,并进行碰撞检测。但如果画面中显示的笑脸很多,再通过标记获取就变得有些复杂。假若不使用标记而使用"精灵"数组实现,那么"精灵"个数固定时没什么问题,但如果"精灵"个数不断增加,使用数组也会变得不方便。此时可以选择使用 Vector,借助它能够更有效地管理游戏数据。

10.2 管理多个数据

Vector 这种数据结构不同于数组,初次创建时不指定元素个数,使用时可以随时向其中添加或删除元素。下面先把 initSmile()方法名修改为 setSmile(),然后使用 schedule()方法反复调用,不断在画面中显示笑脸。

示例 10-6 setSmile()

```cpp
void Game::setSmile(float delta)
{
    float x = rand()%(int)winSize.width;
    float y = rand()%(int)winSize.height;

    auto spr = Sprite::create("Pea.png");
    spr->setPosition(Point(x, y));
    this->addChild(spr);
}
```

示例 10-6 是 setSmile() 方法的实现代码,它是在前面 initSmile() 方法的基础上修改得到的,其内部删除了为"精灵"设置标记的代码。此外,为了让 schedule() 方法能够调用 setSmile() 方法,还要为 setSmile() 方法添加 float 类型的参数。

示例 10-7 init()

```cpp
bool Game::init()
{
    if ( !Layer::init() )
    {
        return false;
    }

    initData();

    this->schedule(schedule_selector(Game::setSmile), 0.5);

    return true;
}
```

示例 10-7 使用 schedule() 方法每隔 0.5 秒调用 1 次 setSmile() 方法,不断在画面中显示多个笑脸。图 10-2 是代码的运行结果。

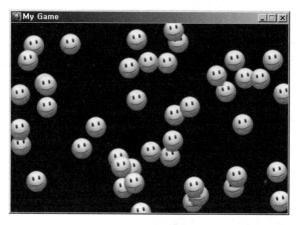

图 10-2　调用 schedule() 方法在画面中显示多个笑脸

从图 10-2 的运行结果可以看到，不仅画面中的笑脸不断增加，而且由于前面删除了设置标记的语句，我们无法从画面中获取笑脸"精灵"。因此，使用 Vector 实现对笑脸个数的限制，同时进行碰撞检测。

示例 10-8　GameScene.h

```
#ifndef __GAME_SCENE_H__
#define __GAME_SCENE_H__

#include "cocos2d.h"

USING_NS_CC;

class Game : public Layer
{
public:

    static Scene* createScene();

    virtual bool init();
    CREATE_FUNC(Game);

    Size winSize;
    Vector<Sprite*> smiles;

    void initData();

    void setSmile(float delta);

    bool onTouchBegan(Touch *touch, Event *unused_event);
```

};

#endif

示例 10-8 的 GameScene.h 文件声明了 Vector 类型的变量 smiles。

示例 10-9　initData()

```
void Game::initData()
{
    winSize = Director::getInstance()->getWinSize();
    
    auto listener = EventListenerTouchOneByOne::create();
    listener->onTouchBegan = CC_CALLBACK_2
        (Game::onTouchBegan, this);
    Director::getInstance()->getEventDispatcher()->
        addEventListenerWithFixedPriority(listener, 1);
    
    srand(time(NULL));
    
    smiles.clear();
}
```

示例 10-9 添加了初始化 smiles 的代码。下面使用 smiles 保存创建的笑脸"精灵",并把创建个数限制为 10。

示例 10-10　setSmile()

```
void Game::setSmile(float delta)
{
    if (smiles.size()>=10) {
        return;
    }
    
    float x = rand()%(int)winSize.width;
    float y = rand()%(int)winSize.height;
    
    auto spr = Sprite::create("Pea.png");
    spr->setPosition(Point(x, y));
    this->addChild(spr);
    
    smiles.pushBack(spr);
}
```

示例 10-10 使用 smiles 把笑脸个数限制为 10。setSmile()方法的最前面添加了 if 语句，若 smiles 中包含的笑脸个数大于 10，则直接退出 setSmile()方法。Vector 本身带有 size()方法，所以可以轻松实现。setSmile()方法的最后部分调用了的 pushBack()方法，把已经创建好的笑脸"精灵"添加到 smiles。图 10-3 是示例 10-11 的运行结果，可以看到笑脸总数被限制为 10。

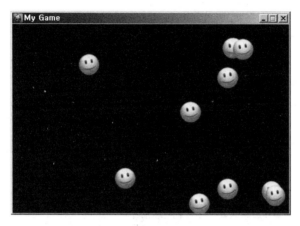

图 10-3　笑脸总数为 10

下面修改触摸事件的处理代码。

示例 10-11　onTouchBegan()

```
bool Game::onTouchBegan(Touch *touch, Event *unused_event)
{
    Point location = touch->getLocation();
    auto removeSpr = Sprite::create();
    
    for (Sprite* spr : smiles) {
        Rect rect = spr->getBoundingBox();
        
        if (rect.containsPoint(location)) {
            
            if (spr->getScale()<=0.25) {
                removeSpr = spr;
                this->removeChild(spr);
            }
            else {
                spr->setScale(spr->getScale()/2);
            }
        }
    }
}
```

```
    if (smiles.contains(removeSpr))
    {
        smiles.eraseObject(removeSpr);
    }

    return true;
}
```

示例 10-11 不是通过标记方式获取"精灵",而是通过遍历 smiles 获取每个"精灵"。首先使用 for 语句从 smiles 中逐个获取笑脸"精灵",然后进行碰撞检测。若发生碰撞,则把要删除的笑脸"精灵"暂时保存到 removeSpr,然后再将其从画面中移除。删除 1 个笑脸"精灵"后,笑脸"精灵"总数少于 10,系统将再添加 1 个。以上就是 Vector 数据结构的基本用法。

制作游戏过程中实现多个对象间的碰撞检测时,经常使用 Vector 数据结构。此外,管理个数经常变动的数据时,也常常使用这种高效的数据结构。

10.3 使用 `UserDefault` 保存数据

Cocos2d-x 提供 UserDefault 类保存游戏中的基本数据。UserDefault 以 XML 格式保存数据,iOS 中也有同名类。UserDefault 采用 Key & Value 的形式保存数据,也就是说,把某个值保存到 UserDefault 时,也要同时保存相应的键。从 UserDefault 获取值或向其中保存数据,都要通过键进行操作。

10.3.1 将数据保存到`UserDefault`

UserDefault 可以保存 Boolean 型、Double 型、Float 型、Integer 型、String 型数据,调用相关方法保存数据时,要通过参数同时提供键及保存的值。

- `UserDefault::getInstance()->setBoolForKey(const char *pKey, bool value)`:保存键及 Boolean 型数据。
- `UserDefault::getInstance()->setDoubleForKey(const char *pKey, double value)`:保存键及 Double 型数据。
- `UserDefault::getInstance()->setFloatForKey(const char *pKey, float value)`:保存键及 Float 型数据。
- `UserDefault::getInstance()->setIntegerForKey(const char *pKey, int value)`:保存键及 Integer 型数据。
- `UserDefault::getInstance()->setStringForKey(const char *pKey, const std::string &value)`:保存键及 String 型数据。

使用 `UserDefault` 可以保存上述 5 种数据类型，也可以从中读取数据。

10.3.2 从 `UserDefault` 读取数据

要从 `UserDefault` 中读取数据，只要调用相应的读取方法，并以参数形式提供数据键值即可。

- `UserDefault::getInstance()->getBoolForKey(const char *pKey)`：根据提供的键值读取相应的 Boolean 型数据。
- `UserDefault::getInstance()->getDoubleForKey(const char *pKey)`：根据提供的键值读取相应的 Double 型数据。
- `UserDefault::getInstance()->getFloatForKey(const char *pKey)`：根据提供的键值读取相应的 Float 型数据。
- `UserDefault::getInstance()->getIntegerForKey(const char *pKey)`：根据提供的键值读取相应的 Integer 型数据。

`UserDefault::getInstance()->getStringForKey(const char *pKey)`：根据提供的键值读取相应的 String 型数据。

```
UserDefault::getInstance()->getBoolForKey(const char *pKey,
bool defaultValue)
```

如上代码所示，从 `UserDefault` 中读取数据时，若与键对应的值不存在，将读取经由第二参数存入的值。无论使用哪个方法读取数据，若与键对应的值不存在，都采取这种处理方法。

这样就可以轻松地在 `UserDefault` 中保存或读取数据。下面使用 `UserDefault` 实现游戏中最高分的记录与显示。

10.4　显示最高分

游戏时得到的最高分数通常称为最高分（High Score），重启游戏，最高分一般不变，除非得到了更高的分数，最高分才会改变。本节将为"消除笑脸"游戏制作最高分显示标签。

示例 10-12　`initHighScore()`

```
void Game::initHighScore()
{
    int highscore = UserDefault::getInstance()->
        getIntegerForKey("HIGHSCORE", 0);

    auto label = Label::createWithSystemFont(StringUtils::format
        ("HIGH SCORE : %d", highscore), "", 20);
    label->setAnchorPoint(Point(0, 1));
```

```
    label->setPosition(Point(10, winSize.height-10));
    label->setTag(1);
    this->addChild(label);
}
```

示例 10-12 是创建最高分显示标签的代码。编写 initHighScore()方法前，要先在 GameScene.h 中声明 initHighScore()方法。initHighScore()方法使用 HIGH SCORE 文本创建文本标签，并把标签设置到游戏画面左上角，如图 10-4 所示。并调用 setTag()方法为文本标签设置了标记（1）。文本标签中的数据为 UserDefault 中 HIGH SCORE 键对应的数据，若该键对应的值不存在，则返回默认值 0。像这样实现 initHighScore()方法后，应在 init()方法中调用 initDate()方法的代码下添加调用它的代码。运行示例 10-12，如图 10-14 所示，消除某个笑脸后，文本标签中显示的分值并未增加。

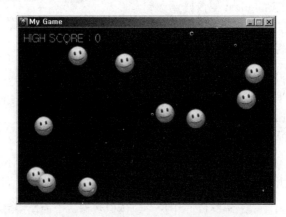

图 10-4　添加 HIGH SCORE 标签

下面在触摸事件处理代码中添加相应代码，每消除 1 个笑脸，标签中显示的分数就加 1。

示例 10-13 `onTouchesBegan()`

```
bool Game::onTouchBegan(Touch *touch, Event *unused_event)
{
    Point location = touch->getLocation();
    auto removeSpr = Sprite::create();
    
    for (Sprite* spr : smiles) {
        Rect rect = spr->getBoundingBox();
        
        if (rect.containsPoint(location)) {
            
            if (spr->getScale()<=0.25) {
                removeSpr = spr;
```

```
                this->removeChild(spr);
            }
            else {
                spr->setScale(spr->getScale()/2);
            }
        }
    }
    if (smiles.contains(removeSpr))
    {
        smiles.eraseObject(removeSpr);

        int highscore = UserDefault::getInstance()->
            getIntegerForKey("HIGHSCORE") + 1;
        UserDefault::getInstance()->
            setIntegerForKey("HIGHSCORE", highscore);
        UserDefault::getInstance()->flush();

        auto label = (Label*)this->getChildByTag(1);
        label->setString(StringUtils::format
            ("HIGH SCORE : %d", highscore));
    }

    return true;
}
```

示例 10-13 添加了计算最高分数的代码。每消除 1 个笑脸就从 `UserDefault` 中通过 HIGH SCORE 键获取分数值，将其增加 1 后赋给 `highscore` 变量并重新保存到 `UserDefault`。通过标记获取标签对象，将改变后的分数设置给标签。

示例 10-13 运行结果如图 10-5 所示，画面左上角显示最高分标签。

图 10-5　显示 HIGH SCORE 标签

```
UserDefault::getInstance()->flush()
```

上述方法将 UserDefault 中保存的内容保存到 xml 文件。若不调用 flush() 方法，游戏运行时，数据会保存到 UserDefault，但退出游戏时，保存的所有数据都会丢失。

10.5 小结

本章学习了可以有效管理多个数据的 Vector，以及 Cocos2d-x 提供的数据保存工具 UserDefault。第 11 章将学习音频和粒子使用方法。

第11章

多种效果

本章将学习 Cocos2d-x 提供的粒子系统（ParticleSystem）使用方法及音频输出方法。粒子系统通过粒子小图像表现多种 3D 动画效果。Cocos2d-x 不仅内置了多种粒子效果，还可以使用外部工具创建的粒子效果。此外，还可以通过 Simple Audio Engine 在游戏中播放背景音乐与音效等。

| 本章主要内容 |
- 粒子系统
- Simple Audio Engine

11.1 粒子系统

Cocos2d-x 中,不仅可以使用其内置的多种粒子效果,还可以使用外部工具制作的粒子效果。

11.1.1 内置粒子效果

Cocos2d-x 提供 11 种内置粒子效果。

表11-1 默认粒子效果类型

种 类	描 述
ParticleExplosion	爆炸效果
ParticleFire	火焰效果
ParticleFireworks	火花效果
ParticleFlower	花朵效果
ParticleGalaxy	银河效果
ParticleMeteor	流星效果
ParticleRain	降雨效果
ParticleSmoke	烟雾效果
ParticleSnow	姜雪效果
ParticleSpiral	螺旋效果
ParticleSun	太阳效果

首先新建基本项目,然后添加爆炸效果。

示例 11-1　init()

```
bool HelloWorld::init()
{
    if ( !Layer::init() )
    {
        return false;
    }

    auto particle = ParticleExplosion::create();
    this->addChild(particle);

    return true;
}
```

示例 11-1 使用了 Cocos2d-x 内置的 `ParticleExplosion` 效果。如示例 11-1 所示,创建粒子效果非常简单,就像创建之前的 `Sprite` 一样。图 11-1 是爆炸效果(ParticleExplosion)的演示画面。

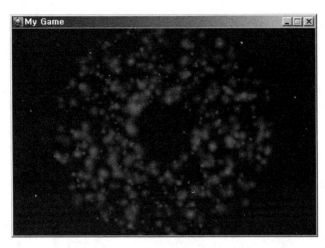

图 11-1 爆炸效果画面

爆炸粒子效果 ParticleExplosion 的默认位置在画面正中，所以爆炸效果在画面中间显示。当然也可以通过 setPosition()方法重新设置粒子位置。粒子系统是继承 Node 的对象，所以除了可以使用 setPosition()方法外，还可以使用 Node 提供的其他方法。接下来，将示例 11-1 的粒子效果改为 ParticleFire 并运行。图 11-2 是火焰效果 ParticleFire 的运行显示画面。使用内置粒子效果时，可以参考示例 11-1，只要把粒子名修改为相应的粒子效果名即可。

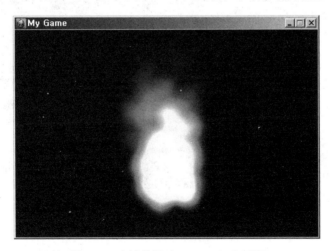

图 11-2 火焰效果（ParticleFire）画面

11.1.2 创建粒子效果

Cocos2d-x 使用 plist 文件保存粒子效果。当然可以通过直接编辑 plist 文件创建粒子效果，但这样做比较麻烦，且不直观。通常使用粒子效果编辑器制作粒子效果。

1. Particle Designer

Particle Designer 粒子效果编辑器运行于 Mac 环境。Mac 的 AppStore 中不仅有 Particle Designer，还有其他多种粒子效果创建工具。但是，Windows 系统下还没有比较好的粒子效果创建工具，虽然也有诸如 Particle Editor（https://github.com/fjz13/Cocos2d-x-ParticleEditor-for-Windows）之类的免费粒子创建工具，但使用起来有些不方便。Particle Designer 是收费软件（http://71squared.com/particledesigner），其免费版本可以创建粒子效果，但无法保存粒子效果文件。下载完成后运行，如图 11-3 所示。

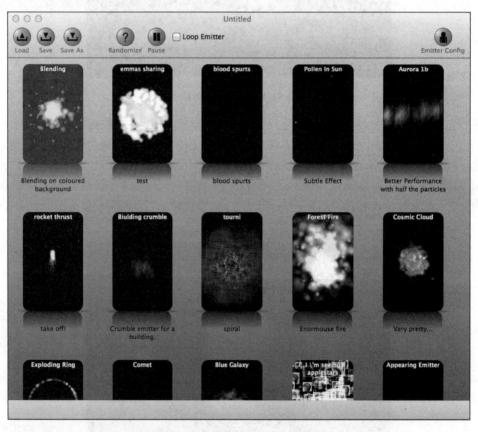

图 11-3　Particle Designer 运行画面

运行 Particle Designer 显示粒子效果列表，如图 11-3 所示，选择的效果如图 11-4 所示。单击图 11-3 右上角的 Emitter Config 按钮，打开粒子编辑画面。

图 11-5 是粒子编辑界面。修改各项的值，结果将直接反映到图 11-4 的粒子效果画面。这样修改各项的值后，单击左上角的 **Save** 按钮打开保存对话框。请注意，只有使用付费版本才能打开保存对话框，使用免费版本将无法保存创建好的粒子效果。

图 11-4 粒子效果运行画面

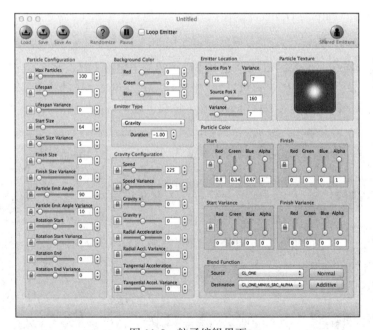

图 11-5 粒子编辑界面

如图 11-6 所示，打开保存对话框后，在 File Format 中选择 cocos2d(plist)，将粒子效果保存为 Cocos2d-x 可用的 plist 文件。

图 11-6　粒子效果保存对话框

前面简单介绍了 Particle Designer 的使用方法，其他粒子编辑工具的使用方法与之类似。

2. Particle 2dx

Particle 2dx（http://particle2dx.com）是基于网页的粒子编辑工具，但它不支持微软的 IE 浏览器，仅支持 Chrome、Safari、Firefox 浏览器。图 11-7 是 Particle 2dx 的粒子编辑界面，使用方法与其他粒子编辑器一样，也能实时提供 plist 文本将粒子效果另存使用。

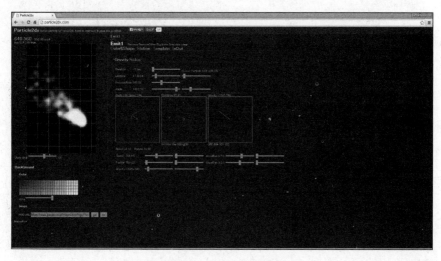

图 11-7　Particle 2dx 粒子编辑界面

11.2 音频输出

要在 Cocos2d-x 中输出音频,需要使用 `Simple Auto Engine` 类,它位于 cocosDenshion 命名空间。游戏中的音频可以分为背景音乐和音效,同一时间只能播放 1 首背景音乐,但可以同时播放多个音效。

11.2.1 播放背景音乐

首先播放背景音乐,修改基本项目代码,如示例 11-2 所示。

示例 11-2　HelloWorldScene.cpp

```cpp
#include "HelloWorldScene.h"
#include "SimpleAudioEngine.h"

using namespace CocosDenshion;

Scene* HelloWorld::createScene()
{
    auto scene = Scene::create();

    auto layer = HelloWorld::create();
    scene->addChild(layer);

    return scene;
}

bool HelloWorld::init()
{
    if ( !Layer::init() )
    {
        return false;
    }

    return true;
}
```

如示例 11-2 所示,添加 SimpleAudioEngine.h 头文件,通过 `using namespace CocosDenshion` 省略 CocosDenshion 命名空间前缀。示例 11-3 播放背景音乐。

示例 11-3　init()

```cpp
bool HelloWorld::init()
{
```

```
    if ( !Layer::init() )
    {
        return false;
    }
    
    SimpleAudioEngine::getInstance()->
        playBackgroundMusic("background.mp3");
    
    return true;
}
```

如示例 11-3 所示，调用 SimpleAudioEngine 的 playBackgroundMusic() 方法即可播放指定音乐。

11.2.2 背景音乐相关方法

Cocos2d-x 不仅提供了背景音乐的播放方法，还提供了暂停、停止背景音乐的方法。

- SimpleAudioEngine::getInstance()->playBackgroudMusic(const char *pszFilePath, bool bLoop)：播放背景音乐。
- pszFilePath：背景音乐文件路径及名称。
- bLoop：设置是否循环播放（可以省略，省略则不循环）。
- SimpleAudioEngine::getInstance()->pauseBackgroundMusic()：暂停播放背景音乐。
- SimpleAudioEngine::getInstance()->resumeBackgroundMusic()：再次播放暂停的背景音乐。
- SimpleAudioEngine::getInstance()->stopBackgroundMusic()：停止播放背景音乐。

11.2.3 播放音效

音效的播放方法与背景音乐的播放方法几乎相同。但是，由于可以同时播放多个音效，所以每次播放音效都会返回音效的特有 ID，利用该 ID 可以暂停或停止播放音效。

示例 11-4　init()

```
bool HelloWorld::init()
{
    if ( !Layer::init() )
    {
        return false;
    }
```

```
        int soundID_0 = SimpleAudioEngine::getInstance()->
            playEffect("effect1.wav");

        return true;
    }
```

示例 11-4 添加了播放音效的代码，播放音效时会返回其特有的 ID 值。一般不使用返回的 ID 分别控制各音效，通常同时控制当前播放的所有音效。Cocos2d-x 支持的声音文件格式有 mp3、wav、ogg 等，一般背景音乐采用 mp3 格式文件，Android 系统大量使用 ogg 文件。音效文件容量相对较大，但常常采用未经压缩的 wav 格式文件。

11.2.4　音效相关方法

与背景音乐类似，Cocos2d-x 也有多种控制音效的方法，尤其是对当前播放的所有音效进行暂停或停止等控制。

- `SimpleAudioEngine::getInstance()->playEffect(const char *pszFilePath, bool bLoop`：该方法播放音效，播放时返回唯一的 `unsigned int` 类型的 ID 值。
- `pszFilePath`：音效文件路径及名称。
- `bLoop`：设置是否循环播放（可省略，省略则不循环）。
- `SimpleAudioEngine::getInstance()->pauseEffect(unsigned int nSoundId)`：通过播放时返回的 ID 暂停相应音效。
- `SimpleAudioEngine::getInstance()->pauseAllEffects()`：暂停所有音效。
- `SimpleAudioEngine::getInstance()->resumeEffect(unsigned int nSoundId)`：通过播放时返回的 ID 再次播放音效。
- `SimpleAudioEngine::getInstance()->resumeAllEffects()`：恢复播放所有音效。
- `SimpleAudioEngine::getInstance()->stopEffect(unsigned int nSoundId)`：通过播放时返回的 ID 停止相应音效。
- `SimpleAudioEngine::getInstance()->stopAllEffects()`：停止播放所有音效。

11.2.5　其他音频相关方法

除了前面介绍的播放方法外，Cocos2d-x 还提供了控制声音大小、预加载背景音乐与音效的方法。

- `SimpleAudioEngine::getInstance()->isBackgroundMusicPlaying()`：以 Boolean 值形式返回是否播放背景音乐。

- `SimpleAudioEngine::getInstance()->setBackgroundMusicVolume(float volume)SimpleAudioEngine::getInstance()->setEffectsVolume(float volume)`：设置背景音乐或音效音量大小，范围是 0.0~1.0。
- `SimpleAudioEngine::getInstance()->getBackgroundMusicVolume()SimpleAudioEngine::getInstance()->getEffectsVolume()`：以 Float 类型返回背景音乐和音效的音量大小，范围是 0.0~1.0。
- `SimpleAudioEngine::getInstance()->preloadBackgroundMusic(const char *pszFilePath)SimpleAudioEngine::getInstance()->preloadEffect(const char *pszFilePath)`：预加载背景音乐与音效。预加载完成后可以直接播放，不用再加载。在 Cocos2d-x 中播放声音时，相关声音文件被加载到内存，这样再次播放时就不需要重新加载。但由于内存池大小有限，声音文件停止播放且不再使用时，应该将其从内存池中删除。调用 `stopBackgroundMusic(true)` 方法停止播放背景音乐时，若指定参数为 `true`，则相关音乐文件会从内存池中完全删除。

11.3 小结

本章学习了粒子系统使用方法及音频播放方法。虽然粒子系统与音频不是游戏制作的必备内容，但使用它们将使游戏更加酷炫，更加有趣。第 12 章将实际制作射击游戏，帮助各位进一步巩固所学内容。

第12章

游戏制作实战 3：射击游戏

本章将综合运用第 10 章"数据管理"和第 11 章"粒子效果"的相关知识制作射击游戏。与第 9 章的横版游戏一样，仅实现这款简单的射击游戏的主体部分，而对游戏菜单部分不做实现。

| 本章主要内容 |

- 使用 Vector 进行碰撞检测
- 粒子效果
- 最高分记录

12.1 游戏结构

本章只实现射击游戏的主体部分，菜单部分的实现请参考 6.1.1 节。射击游戏按如下顺序实现。

(1) 背景结构及实现滚动。
(2) 创建玩家飞机。
(3) 用触摸事件控制玩家飞机。
(4) 生成"能量球"。
(5) 导弹增强效果。
(6) 创建敌机。
(7) 与敌机的碰撞检测。
(8) 实现敌机爆炸。
(9) 实现 Boss 机。
(10) 记录分数。

实现游戏前先更改类名，并把游戏中需要的资源添加到项目。

12.1.1 更改类名

更改类名时，相应文件名和类名都要修改。

示例 12-1 GameScene.h

```
#ifndef __GAME_SCENE_H__
#define __GAME_SCENE_H__

#include "cocos2d.h"

USING_NS_CC;

class GameScene : public Layer
{
public:

    static Scene* createScene();

    virtual bool init();
    CREATE_FUNC(GameScene);
};

#endif
```

如示例 12-1 所示，在基本项目中，先把 HelloWorldScene.h 与 HelloWorldScene.cpp 文件名修改为 GameScene.h 与 GameScene.cpp，并把类名由 HelloWorld 修改为 GameScene。也修改 AppDelegate.cpp 文件中的 HelloWorldScene.h 与 HelloWorld::createScene()。

示例 12-2　GameScene.cpp

```
#include "GameScene.h"

Scene* GameScene::createScene()
{
    auto scene = Scene::create();

    auto layer = GameScene::create();
    scene->addChild(layer);

    return scene;
}

bool GameScene::init()
{
    if ( !Layer::init() )
    {
        return false;
    }

    return true;
}
```

示例 12-2 与示例 12-1 一样，对 HelloWorldScene.cpp 文件的文件名和类名进行修改。

12.1.2　添加资源

与第 6 章的卡牌游戏一样，射击游戏用到的资源全部保存于 game 文件夹，将整个 game 文件夹复制到项目的资源文件夹。在 Mac 的 Xcode 中添加资源的方法请参考 6.1.3 节。

12.1.3　更改方向

创建项目时，默认终端的方向为横屏（Landscape）。但射击游戏采用竖屏（Portrait）实现，所以需要更改方向。更改终端方向的方法请参考 6.2 节。

12.2　背景结构及实现滚动

首先使用瓦片图制作游戏背景。

示例 12-3　initBG()

```
void GameScene::initBG()
{
    auto bgLayer = Layer::create();
    this->addChild(bgLayer);
    
    for (int i=0; i<10; i++) {
        for (int j=0; j<10; j++) {
            auto spr = Sprite::create("game/tile.png");
            spr->setAnchorPoint(Point::ZERO);
            spr->setPosition(Point(i*33, j*49));
            bgLayer->addChild(spr);
        }
    }
}
```

示例 12-3 使用 tile.png 图像组成游戏背景。首先创建背景层，然后使用 for 循环语句创建"精灵"并添加到背景层。整体添加文件夹时，还必须输入文件夹名称。initBG() 方法实现后，将其添加到 GameScene.h 文件，并在 init() 方法中调用。图 12-1 是示例 12-3 的运行结果。

图 12-1　背景结构

滚动游戏背景时，要先在滚动方向的反方向添加 1 行 tile.png 图片，然后以 tile.png 图片的高度进行滚动即可。

示例 12-4　initBG()

```cpp
void GameScene::initBG()
{
    auto bgLayer = Layer::create();
    this->addChild(bgLayer);

    for (int i=0; i<10; i++) {
        for (int j=0; j<11; j++) {
            auto spr = Sprite::create("game/tile.png");
            spr->setAnchorPoint(Point::ZERO);
            spr->setPosition(Point(i*33, j*49));
            bgLayer->addChild(spr);
        }
    }

    auto action_0 = Sequence::create(
                MoveBy::create(0.5, Point(0, -49)),
                Place::create(Point::ZERO),
                NULL);

    auto action_1 = RepeatForever::create(action_0);
    bgLayer->runAction(action_1);
}
```

示例 12-4 的 initBG() 方法添加了滚动背景的代码。射击游戏是自上而下滚动背景的竖屏游戏，所以使用瓦片图创建游戏背景时，要在最顶部额外添加 1 行瓦片图，最后通过动作功能实现背景滚动。下面创建玩家飞机。

12.3　创建玩家飞机

下面继续编写代码，在画面中间创建玩家飞机，同时让它自动发射导弹。首先在 GameScene.h 文件中声明 Size 类型变量 winSize，然后从 initData() 方法中获取画面大小。

示例 12-5　initData()

```cpp
void GameScene::initData()
{
    winSize = Director::getInstance()->getWinSize();
}
```

示例 12-5 是 initData() 方法的实现代码，用于初始化游戏中使用的变量。当前方法仅在 winSize 中保存了画面大小，还要把 initData() 方法添加到 init() 方法。下面创建玩家飞机的"精灵"。

示例 12-6　initPlayer()

```
void GameScene::initPlayer()
{
    auto spr = Sprite::create("game/player.png");
    spr->setPosition(Point(winSize.width/2, winSize.height/2));
    spr->setTag(TAG_SPRITE_PLAYER);
    this->addChild(spr, 1);
}
```

示例 12-6 先创建了玩家飞机"精灵",然后将其设置到画面中间。同样需要先在 GameScene.h 文件中声明,然后再添加到 init()。后面编写的新方法都要在 GameScene.h 文件中声明,不再赘述。

```
#define TAG_SPRITE_PLAYER         1000
```

以上代码是 GameScene.h 文件中定义的标记,后面进行碰撞检测等处理时,需要通过该标记获取玩家飞机"精灵"。图 12-2 是上述代码的运行画面,可以看到玩家飞机正常显示到画面。

图 12-2　创建玩家飞机

下面编写代码以实现导弹发射。导弹发射只要使用动作功能就可以实现,但要注意创建导弹时,要从飞机所在位置开始创建,然后沿直线飞向画面之外,再从游戏中移除即可。

示例 12-7　setMissile()、resetMissile()

```cpp
void GameScene::setMissile(float delta)
{
    auto sprPlayer = (Sprite*)this->
        getChildByTag(TAG_SPRITE_PLAYER);

    auto sprMissile = Sprite::create("game/missile.png");
    sprMissile->setPosition(sprPlayer->getPosition() +
        Point(-1, 20));
    this->addChild(sprMissile);

    auto action = Sequence::create(
                MoveBy::create(1.0, Point(0, winSize.height)),
                CallFuncN::create(CC_CALLBACK_1
                (GameScene::resetMissile, this)),
                NULL);
    sprMissile->runAction(action);
}

void GameScene::resetMissile(Ref *sender)
{
    auto sprMissile = (Sprite*)sender;

    this->removeChild(sprMissile);
}
```

示例 12-7 是实现导弹发射的代码。首先获取玩家飞机的位置，然后对位置略作调整以创建导弹"精灵"。再使用动作功能将导弹向上移动，移动距离为画面高度，并且让导弹的发射效果更加逼真。导弹移动完成后，通过 CallFuncN 动作调用 resetMissile() 方法移除导弹"精灵"。移除导弹"精灵"时也可以采用横版游戏中使用的 RemoveSelf 动作，但本游戏将使用 CallFuncN 动作实现。虽然上述代码实现了导弹发射与移除动作，但没有调用 setMissile() 方法。由于需要不断发射导弹，所以使用 schedule() 方法进行调用。

示例 12-8　init()

```cpp
bool GameScene::init()
{
    if ( !Layer::init() )
    {
        return false;
    }

    initData();
```

```
    initBG();
    initPlayer();

    this->schedule(schedule_selector(GameScene::setMissile), 0.1);

    return true;
}
```

示例 12-8 的 init()方法添加了 schedule()方法,以调用 setMissile()方法。图 12-3 是运行结果,可以看到导弹的生成、发射、移动等均正常。

图 12-3　发射导弹

实现上述代码后,导弹会不断生成并发射,但加载的资源个数不会累加。

12.4　使用触摸事件控制玩家飞机

下面使用触摸事件控制玩家飞机。玩家飞机要根据玩家触屏移动的距离在画面上进行移动。要实现该目标,需要记住玩家初次触屏时的坐标,并记住玩家飞机的位置。

示例 12-9　GameScene.h

```
#ifndef __GAME_SCENE_H__
#define __GAME_SCENE_H__
```

```cpp
#include "cocos2d.h"

USING_NS_CC;

#define TAG_SPRITE_PLAYER           1000

class GameScene : public Layer
{
public:

    static Scene* createScene();

    virtual bool init();
    CREATE_FUNC(GameScene);

    Size winSize;
    Point posStartTouch, posStartPlayer;

    void initData();

    void initBG();
    void initPlayer();

    void setMissile(float delta);
    void resetMissile(Ref *sender);
};

#endif
```

如示例 12-9 所示，首先在 GameScene.h 文件中声明 Point 型变量 posStartTouch 与 posStartPlayer，然后编写监听并处理单点触摸事件的代码。

示例 12-10 init()

```cpp
bool GameScene::init()
{
    if ( !Layer::init() )
    {
        return false;
    }

    auto listener = EventListenerTouchOneByOne::create();
    listener->onTouchBegan = CC_CALLBACK_2
        (GameScene::onTouchBegan, this);
    listener->onTouchMoved = CC_CALLBACK_2(
```

```
        GameScene::onTouchMoved, this);
    Director::getInstance()->getEventDispatcher()->
        addEventListenerWithFixedPriority(listener, 1);

    initData();

    initBG();
    initPlayer();

    this->schedule(schedule_selector(GameScene::setMissile), 0.1);

    return true;
}
```

示例 12-10 是添加到 init() 方法的单点触摸事件设置代码。

示例 12-11　onTouchBegan()、onTouchMoved()

```
bool GameScene::onTouchBegan(Touch *touch, Event *unused_event)
{
    posStartTouch = touch->getLocation();

    auto sprPlayer = (Sprite*)this->
        getChildByTag(TAG_SPRITE_PLAYER);
    posStartPlayer = sprPlayer->getPosition();

    return true;
}

void GameScene::onTouchMoved(Touch *touch, Event *unused_event)
{
    Point location = touch->getLocation();

    Point posChange = location - posStartTouch;

    auto sprPlayer = (Sprite*)this->getChildByTag(TAG_SPRITE_PLAYER);
    sprPlayer->setPosition(posStartPlayer + posChange);
}
```

示例 12-11 是事件处理代码。onTouchBegan() 方法将玩家的触屏位置保存到 posStart-Touch，然后将玩家飞机的位置保存到 posStartPlayer。单点触摸事件中，onTouchBegan() 方法带有 Boolean 类型的返回值。返回值为 true 时，会在 onTouchBegan() 方法之后继续调用 onTouchMoved()、onTouchEnded() 方法；若返回值为 false，则即使实现了 onTouchMoved()、onTouchEnded() 方法，也不会进行调用。onTouchMoved() 方法先获取当前触摸坐标并保存到

location，然后计算其与第一次触摸的坐标 posStartTouch 的差值，再把得到的差值与 posStartPlayer（玩家飞机起始坐标）相加。图 12-4 是上述代码的运行画面，游戏实现了对触屏事件的响应。

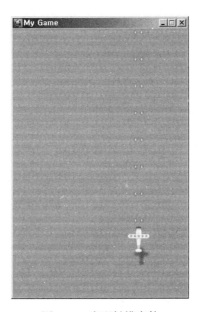

图 12-4 实现触摸事件

从运行画面可以看到，导弹不断从玩家飞机射出，玩家触屏并移动时，玩家飞机将随之移动。

12.5 随机生成"能量球"

创建"能量球"的过程类似于创建导弹，导弹是从玩家飞机当前所在位置发出的，向上移动到画面之外；而"能量球"则是在画面上方生成的，然后向画面底部移动。"能量球"生成位置的 X 坐标是随机的，调用 rand() 方法即可随机生成横坐标。请注意，"能量球"不能在画面左右两侧的边界创建，创建时要对其横坐标进行一定调整。

```
#define PADDING_SCREEN       10
```

如上代码所示，先在 GameScene.h 文件中定义 PADDING_SCREEN，用于设置画面左右两侧的间隔。若画面宽度为 320，则在 10~310 创建"能量球"。编写创建"能量球"代码，如下所示。

示例 12-12 setItem()、resetItem()

```
void GameScene::setItem(float delta)
{
    int x = PADDING_SCREEN + rand()%((int)winSize.width-
        PADDING_SCREEN*2);
```

```cpp
    auto sprItem = Sprite::create("game/item.png");
    sprItem->setPosition(Point(x, winSize.height));
    this->addChild(sprItem);

    auto action = Sequence::create(
                MoveBy::create(3.0, Point(0, -winSize.height)),
                CallFuncN::create(CC_CALLBACK_1
                (GameScene::resetItem, this)),
                NULL);
    sprItem->runAction(action);
}

void GameScene::resetItem(Ref *sender)
{
    auto sprItem = (Sprite*)sender;

    this->removeChild(sprItem);
}
```

示例 12-12 是创建并移动"能量球"的代码。观察 setItem() 方法中计算 X 值的表达式可知，X 的最小值为 PADDING_SCREEN，随机数形成的范围是画面宽度减去 PADDING_SCREEN*2 后的结果，所以 X 的最大值为画面宽度减去 PADDING_SCREEN。"能量球"在画面上方生成，然后向下移动，除此之外，大部分几乎都与导弹相同。与导弹一样，创建"能量球"的方法也要在 init() 方法中由 schedule() 方法调用。

示例 12-13 init()

```cpp
bool GameScene::init()
{
    if ( !Layer::init() )
    {
        return false;
    }

    auto listener = EventListenerTouchOneByOne::create();
    listener->onTouchBegan =
        CC_CALLBACK_2(GameScene::onTouchBegan, this);
    listener->onTouchMoved =
        CC_CALLBACK_2(GameScene::onTouchMoved, this);
    Director::getInstance()->getEventDispatcher()->
        addEventListenerWithFixedPriority(listener, 1);

    initData();
```

```
    initBG();
    initPlayer();

    this->schedule(schedule_selector(GameScene::setMissile), 0.1);
    this->schedule(schedule_selector(GameScene::setItem), 5.0+rand()%4);

    return true;
}
```

示例 12-13 的 init() 方法添加了调用 setItem() 方法的代码。与生成导弹不同,"能量球"不是每隔固定时间就生成,而是每隔 5 秒~8 秒(具体时间随机)就调用 setItem() 方法进行创建。图 12-5 是以上代码的运行结果,可以看到随机生成的"能量球"。

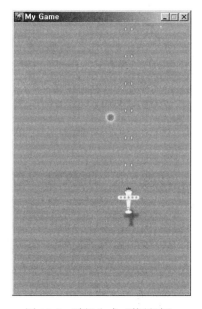

图 12-5　随机生成"能量球"

如图 12-5 所示,画面中出现"能量球"后,让玩家飞机与其碰撞,从而获得导弹增强功能。

12.6　导弹增强

首先对"能量球"与玩家飞机进行碰撞检测,需要为此获取"能量球"与玩家飞机的位置信息。由于前面已经为玩家飞机设置了标记,所以通过标记即可得到玩家飞机"精灵",进而获取其位置信息。而对于"能量球"而言,由于之前没有为其设置标记,所以很难掌握其在游戏中出现的个数,也就很难设置标记。此时可以使用 Cocos2d-x 提供的 Vector 保存"能量球精灵",每当有"能量球精灵"生成，都会将其添加到 Vector；要删除某个"能量球精灵"时，也要将其从 Vector 中删除。

示例 12-14　GameScene.h

```
#ifndef __GAME_SCENE_H__
#define __GAME_SCENE_H__

#include "cocos2d.h"

USING_NS_CC;

#define TAG_SPRITE_PLAYER            1000
#define PADDING_SCREEN               10

class GameScene : public Layer
{
public:

    static Scene* createScene();

    virtual bool init();
    CREATE_FUNC(GameScene);

    Size winSize;
    Point posStartTouch, posStartPlayer;

    Vector<Sprite*> items;

    void initData();

    void initBG();
    void initPlayer();

    void setMissile(float delta);
    void resetMissile(Ref *sender);

    void setItem(float delta);
    void resetItem(Ref *sender);

    bool onTouchBegan(Touch *touch, Event *unused_event);
    void onTouchMoved(Touch *touch, Event *unused_event);
};

#endif
```

使用 Vector 之前，要先在 GameScene.h 中声明，如示例 12-14 所示。

示例 12-15 `initData()`

```
void GameScene::initData()
{
    winSize = Director::getInstance()->getWinSize();

    items.clear();
}
```

如上声明 Vector 之后，再在 `initData()` 方法中进行初始化，如示例 12-15 所示。

示例 12-16 `setItem()`、`resetItem()`

```
void GameScene::setItem(float delta)
{
    int x = PADDING_SCREEN + rand()%((int)winSize.width-
        PADDING_SCREEN*2);

    auto sprItem = Sprite::create("game/item.png");
    sprItem->setPosition(Point(x, winSize.height));
    this->addChild(sprItem);

    items.pushBack(sprItem);

    auto action = Sequence::create(
        MoveBy::create(3.0, Point(0, -winSize.height)),
        CallFuncN::create(CC_CALLBACK_1
            (GameScene::resetItem, this)), NULL);
    sprItem->runAction(action);
}

void GameScene::resetItem(Ref *sender)
{
    auto sprItem = (Sprite*)sender;

    items.eraseObject(sprItem);

    this->removeChild(sprItem);
}
```

如示例 12-16 所示，`setItem()` 方法将创建的"能量球精灵"添加到 Vector，`resetItem()` 方法调用 `removeChild()` 方法前，先将"能量球精灵"从 Vector 中删除。继续编写代码，使用 Vector 对"能量球精灵"与玩家飞机进行碰撞检测。由于每个绘图帧都要进行碰撞检测，所以要把碰撞检测代码添加到 update() 方法，并通过 scheduleUpdate() 方法在每帧进行调用。

示例 12-17 GameScene.h

```
#ifndef __GAME_SCENE_H__
#define __GAME_SCENE_H__

#include "cocos2d.h"

USING_NS_CC;

#define TAG_SPRITE_PLAYER               1000
#define PADDING_SCREEN                  10

class GameScene : public Layer
{
public:

    static Scene* createScene();

    virtual bool init();
    CREATE_FUNC(GameScene);

    Size winSize;
    Point posStartTouch, posStartPlayer;

    Vector<*Sprite> items;

    void update(float delta);

    void initData();

    void initBG();
    void initPlayer();

    void setMissile(float delta);
    void resetMissile(Ref *sender);

    void setItem(float delta);
    void resetItem(Ref *sender);

    bool onTouchBegan(Touch *touch, Event *unused_event);
    void onTouchMoved(Touch *touch, Event *unused_event);
};

#endif
```

首先在 GameScene.h 中声明 update()方法，如示例 12-17 所示。

示例 12-18　init()

```cpp
bool GameScene::init()
{
    if ( !Layer::init() )
    {
        return false;
    }

    auto listener = EventListenerTouchOneByOne::create();
    listener->onTouchBegan =
        CC_CALLBACK_2(GameScene::onTouchBegan, this);
    listener->onTouchMoved =
        CC_CALLBACK_2(GameScene::onTouchMoved, this);
    Director::getInstance()->getEventDispatcher()->
        addEventListenerWithFixedPriority(listener, 1);

    initData();

    initBG();
    initPlayer();

    this->scheduleUpdate();
    this->schedule(schedule_selector(GameScene::setMissile), 0.1);
    this->schedule(schedule_selector(GameScene::setItem), 5.0+rand()%4);

    return true;
}
```

示例 12-18 的 init()方法通过 scheduleUpdate()方法调用 update()方法。接下来编写 update()方法，实现对"能量球"与玩家飞机的碰撞检测。

示例 12-19　update()

```cpp
void GameScene::update(float delta)
{
    auto sprPlayer = (Sprite*)this->
        getChildByTag(TAG_SPRITE_PLAYER);
    Rect rectPlayer = sprPlayer->getBoundingBox();

    auto removeItem = Sprite::create();

    for (Sprite* sprItem : items) {
        Rect rectItem = sprItem->getBoundingBox();
```

```
        if (rectPlayer.intersectsRect(rectItem)) {
            removeItem = sprItem;
        }
    }

    if (items.contains(removeItem)) {
        resetItem(removeItem);
    }
}
```

示例 12-19 对"能量球"与玩家飞机进行碰撞检测。首先通过标记获取玩家飞机"精灵",然后调用其 getBoundingBox() 方法得到玩家飞机的包围盒。使用 for 语句遍历 Vector 中所有"能量球精灵",获取每个"能量球精灵"的包围盒,并调用 intersectRect() 方法逐一将其与玩家飞机进行碰撞检测。若发生碰撞,则将发生碰撞的"能量球精灵"保存到事先创建的 removeItem,跳出 for 循环语句后调用 resetItem() 方法将其从 Vector 中删除,再调用 removeChild() 方法将其从画面中删除。请注意,若在 for 循环中直接将发生碰撞的"能量球精灵"从 Vector 中删除,将会引发错误。

接下来向导弹应用增强效果。玩家飞机获得"能量球"后,首先要把显示在画面中的导弹图片换成威力更大的导弹图片,然后增强对敌机的攻击力,即提高导弹对敌机的损伤值,并且使"能量球"的这种导弹增强效果持续 5 秒钟。

示例 12-20　GameScene.h

```cpp
#ifndef __GAME_SCENE_H__
#define __GAME_SCENE_H__

#include "cocos2d.h"

USING_NS_CC;

#define TAG_SPRITE_PLAYER           1000
#define PADDING_SCREEN              10

class GameScene : public Layer
{
public:

    static Scene* createScene();

    virtual bool init();
    CREATE_FUNC(GameScene);

    Size winSize;
```

12.6 导弹增强

```
    Point posStartTouch, posStartPlayer;

    Vector<Sprite*> items;

    bool isGetItem;

    void update(float delta);

    void resetGetItem(float delta);

    void initData();

    void initBG();
    void initPlayer();

    void setMissile(float delta);
    void resetMissile(Ref *sender);

    void setItem(float delta);
    void resetItem(Ref *sender);

    bool onTouchBegan(Touch *touch, Event *unused_event);
    void onTouchMoved(Touch *touch, Event *unused_event);
};

#endif
```

示例 12-20 的 GameScene.h 文件添加了对 isGetItem 变量的声明，以判断玩家飞机是否获得"能量球"，还添加了重置该变量的方法。

示例 12-21 update()、resetGetItem()、initData()

```
void GameScene::update(float delta)
{
    auto sprPlayer = (Sprite*)this->
        getChildByTag(TAG_SPRITE_PLAYER);
    Rect rectPlayer = sprPlayer->getBoundingBox();

    auto removeSpr = Sprite::create();

    for (Sprite* sprItem : items) {

        Rect rectItem = sprItem->getBoundingBox();

        if (rectPlayer.intersectsRect(rectItem)) {
```

```
                removeSpr = sprItem;
            }
        }

        if (items.contains(removeSpr)) {
            resetItem(removeSpr);

            isGetItem = true;
            this->scheduleOnce(schedule_selector
                (GameScene::resetGetItem), 5.0);
        }
    }

    void GameScene::resetGetItem(float delta)
    {
        isGetItem = false;
    }

    void GameScene::initData()
    {
        winSize = Director::getInstance()->getWinSize();

        items.clear();

        isGetItem = false;
    }
```

示例 12-21 添加了获取 "能量球" 并在导弹增强效果持续 5 秒后进行初始化的代码。isGetItem 变量在 resetGetItem() 方法中被重置为 false，在 initData() 方法中也被初始化为 false。update() 方法中存在对玩家飞机与 "能量球" 进行碰撞检测的代码，其中添加了将 isGetItem 变量设置为 true 的代码，还调用了 scheduleOne() 方法，等待 5 秒钟后调用 resetGetItem() 方法，将 isGetItem 变量重置为 false。像这样，isGetItem 变量不仅用于记忆玩家飞机是否获得 "能量球"，还用作判断条件，决定发射导弹的类型以及对敌机攻击力的大小。

示例 12-22 setMissible()

```
void GameScene::setMissile(float delta)
{
    auto sprPlayer = (Sprite*)this->
        getChildByTag(TAG_SPRITE_PLAYER);

    Sprite *sprMissile;

    if (isGetItem) {
```

```
        sprMissile = Sprite::create("game/missile_pow.png");
        sprMissile->setTag(5);
    }
    else {
        sprMissile = Sprite::create("game/missile.png");
        sprMissile->setTag(1);
    }

    sprMissile->setPosition(sprPlayer->getPosition() + Point(-1, 20));
    this->addChild(sprMissile);

    auto action = Sequence::create(
            MoveBy::create(1.0, Point(0, winSize.height)),
            CallFuncN::create(CC_CALLBACK_1
            (GameScene::resetMissile, this)),
            NULL);
    sprMissile->runAction(action);
}
```

示例 12-22 是根据"能量球"获取状态更改发射导弹设置的代码。获取"能量球"之前,使用 missile.png 图像创建导弹"精灵",并将导弹"精灵"标记为 1;获取"能量球"之后,则使用 missile_pow.png 图像创建导弹"精灵",并将导弹"精灵"标记为 5。像上面这样为两种导弹"精灵"设置不同标记,主要原因并不是为了方便获取指定的导弹"精灵",而是将其用作攻击敌机时对敌机的攻击值。图 12-6 是玩家飞机获取"能量球"后发射导弹的画面。

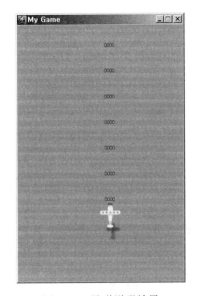

图 12-6 导弹增强效果

12.7 创建敌机

创建敌机的方法与生成"能量球"的方法基本类似。

示例 12-23　GameScene.h

```cpp
#ifndef __GAME_SCENE_H__
#define __GAME_SCENE_H__

#include "cocos2d.h"

USING_NS_CC;

#define TAG_SPRITE_PLAYER           1000
#define PADDING_SCREEN              10

class GameScene : public Layer
{
public:

    static Scene* createScene();

    virtual bool init();
    CREATE_FUNC(GameScene);

    Size winSize;
    Point posStartTouch, posStartPlayer;

    Vector<Sprite*> items, enemies;

    bool isGetItem;

    void update(float delta);

    void resetGetItem(float delta);

    void initData();

    void initBG();
    void initPlayer();

    void setMissile(float delta);
    void resetMissile(Ref *sender);

    void setItem(float delta);
    void resetItem(Ref *sender);

    void setEnemy(float delta);
```

```
    void resetEnemy(Ref *sender);

    bool onTouchBegan(Touch *touch, Event *unused_event);
    void onTouchMoved(Touch *touch, Event *unused_event);
};

#endif
```

示例12-23添加了与敌机创建有关的数组及方法声明。与创建"能量球"一样,首先声明Vector变量,用于保存敌机"精灵",然后分别声明setEnemy()与resetEnemy()方法,前者创建敌机"精灵",并借助动作功能使敌机自上而下移动,后者在敌机飞出画面时删除敌机。

示例12-24 init()

```
bool GameScene::init()
{
    if ( !Layer::init() )
    {
        return false;
    }

    auto listener = EventListenerTouchOneByOne::create();
    listener->onTouchBegan =
        CC_CALLBACK_2(GameScene::onTouchBegan, this);
    listener->onTouchMoved =
        CC_CALLBACK_2(GameScene::onTouchMoved, this);
    Director::getInstance()->getEventDispatcher()->
        addEventListenerWithFixedPriority(listener, 1);

    initData();

    initBG();
    initPlayer();

    this->scheduleUpdate();
    this->schedule(schedule_selector(GameScene::setMissile), 0.1);
    this->schedule(schedule_selector(GameScene::setItem), 5.0+rand()%4);
    this->schedule(schedule_selector(GameScene::setEnemy), 3.0+rand()%4);

    return true;
}
```

实现setEnemy()与resetEnemy()方法之前,先在init()方法中添加schedule()方法,每隔3秒~6秒就调用1次setEnemy()方法创建敌机,如示例12-24所示。

示例 12-25　initData()

```cpp
void GameScene::initData()
{
    winSize = Director::getInstance()->getWinSize();
    
    items.clear();
    enemies.clear();
    
    isGetItem = false;
}
```

如示例 12-25 所示，initData() 方法对保存敌机的 enemies 向量进行了初始化。

示例 12-26　setEnemy()、resetEnemy()

```cpp
void GameScene::setEnemy(float detla)
{
    int x = PADDING_SCREEN + rand()%((int)winSize.width-
        PADDING_SCREEN*2);
    
    auto sprEnemy = Sprite::create("game/enemy.png");
    sprEnemy->setPosition(Point(x, winSize.height));
    this->addChild(sprEnemy);
    
    enemies.pushBack(sprEnemy);
    
    auto action = Sequence::create(
                MoveBy::create(10.0, Point(0, -winSize.height)),
                CallFuncN::create(CC_CALLBACK_1
                (GameScene::resetEnemy, this)),
                NULL);
    sprEnemy->runAction(action);
}

void GameScene::resetEnemy(Ref *sender)
{
    auto sprEnemy = (Sprite*)sender;
    
    enemies.eraseObject(sprEnemy);
    
    this->removeChild(sprEnemy);
}
```

示例 12-26 是 setEnemy() 方法和 resetEnemy() 方法的实现代码，前者创建敌机，后者删除敌机。这两个方法的实现代码与 setItem() 方法和 resetItem() 方法非常相似，只是移动动作的持续时间不同。图 12-7 是创建敌机的运行画面。

图 12-7　创建敌机

12.8　导弹与敌机的碰撞检测

12.7 节实现了创建敌机的代码，但并未实现导弹与敌机的碰撞检测。导弹击中敌机时，敌机也不会发生爆炸；玩家飞机与敌机相撞时，它们也不会发生爆炸。本示例游戏只实现前一种逻辑，即导弹击中敌机时，敌机发生爆炸。要想对导弹与敌机进行碰撞检测，先要把导弹保存到 Vector，就像保存"能量球"与"敌机"一样。

示例 12-27　GameScene.h

```
#ifndef __GAME_SCENE_H__
#define __GAME_SCENE_H__

#include "cocos2d.h"

USING_NS_CC;

#define TAG_SPRITE_PLAYER           1000
#define PADDING_SCREEN              10

class GameScene : public Layer
{
```

```cpp
public:

    static Scene* createScene();

    virtual bool init();
    CREATE_FUNC(GameScene);

    Size winSize;
    Point posStartTouch, posStartPlayer;

    Vector<Sprite*> items, enemies, **missiles**;

    bool isGetItem;

    void update(float delta);

    void resetGetItem(float delta);

    void initData();

    void initBG();
    void initPlayer();

    void setMissile(float delta);
    void resetMissile(Ref *sender);

    void setItem(float delta);
    void resetItem(Ref *sender);

    void setEnemy(float delta);
    void resetEnemy(Ref *sender);

    bool onTouchBegan(Touch *touch, Event *unused_event);
    void onTouchMoved(Touch *touch, Event *unused_event);
};

#endif
```

示例12-27声明了保存导弹"精灵"的missiles向量，并在initData()方法中进行初始化。missiles向量需要添加到创建并删除导弹"精灵"的部分，或从其中删除。

示例12-28 initData()

```cpp
void GameScene::initData()
{
```

12.8 导弹与敌机的碰撞检测

```
    winSize = Director::getInstance()->getWinSize();

    items.clear();
    enemies.clear();
    missiles.clear();

    isGetItem = false;
}
```

示例 12-28 的 initData() 方法添加了初始化 missile 向量的代码。

示例 12-29 setMissile()、resetMissile()

```
void GameScene::setMissile(float delta)
{
    auto sprPlayer = (Sprite*)this->
        getChildByTag(TAG_SPRITE_PLAYER);

    Sprite *sprMissile;

    if (isGetItem) {
        sprMissile = Sprite::create("game/missile_pow.png");
        sprMissile->setTag(5);
    }
    else {
        sprMissile = Sprite::create("game/missile.png");
        sprMissile->setTag(1);
    }

    sprMissile->setPosition(sprPlayer->getPosition() + Point(-1, 20));
    this->addChild(sprMissile);

    missiles.pushBack(sprMissile);

    auto action = Sequence::create(
                MoveBy::create(1.0, Point(0, winSize.height)),
                CallFuncN::create(CC_CALLBACK_1
                (GameScene::resetMissile, this)),
                NULL);
    sprMissile->runAction(action);
}

void GameScene::resetMissile(Ref *sender)
{
    auto sprMissile = (Sprite*)sender;
```

```
    missiles.eraseObject(sprMissile);

    this->removeChild(sprMissile);
}
```

示例12-29添加了将导弹"精灵"放入missiles向量和从其中删除的代码。像这样把导弹"精灵"存入向量后,再分别从保存导弹"精灵"的向量与保存敌机"精灵"的向量中取出"精灵"即可进行碰撞检测。

示例12-30 update()

```
void GameScene::update(float delta)
{
    auto sprPlayer = (Sprite*)this->
        getChildByTag(TAG_SPRITE_PLAYER);
    Rect rectPlayer = sprPlayer->getBoundingBox();

    auto removeItem = Sprite::create();

    for (Sprite* sprItem : items) {

        Rect rectItem = sprItem->getBoundingBox();

        if (rectPlayer.intersectsRect(rectItem)) {
            removeItem = sprItem;
        }
    }

    if (items.contains(removeItem)) {
        resetItem(removeItem);

        isGetItem = true;
        this->scheduleOnce
            (schedule_selector(GameScene::resetGetItem), 5.0);
    }

    auto removeMissile = Sprite::create();
    auto removeEnemy = Sprite::create();

    for (Sprite* sprMissile : missiles) {

        Rect rectMissile = sprMissile->getBoundingBox();

        for (Sprite* sprEnemy : enemies) {
```

```cpp
            Rect rectEnemy = sprEnemy->getBoundingBox();
            if (rectMissile.intersectsRect(rectEnemy)) {
                removeMissile = sprMissile;
                removeEnemy = sprEnemy;
            }
        }
    }

    if (missiles.contains(removeMissile)) {
        resetMissile(removeMissile);
        resetEnemy(removeEnemy);
    }
}
```

示例12-30的update()方法添加了对导弹与敌机进行碰撞检测的代码。这样，导弹与敌机发生碰撞（即导弹击中敌机）时，它们将同时从画面中消失。但是，导弹击中敌机时，如果敌机直接从画面中消失，会让人感觉不自然。因此，应当在消失之前添加粒子效果，模拟爆炸时的情形。

12.9 向敌机添加爆炸效果

首先，在对导弹与敌机进行碰撞检测的代码中创建粒子发生器，然后创建动作。经过3秒后，调用方法移除粒子效果。

示例12-31 upadate()

```cpp
void GameScene::update(float delta)
{
    auto sprPlayer = (Sprite*)this->
        getChildByTag(TAG_SPRITE_PLAYER);
    Rect rectPlayer = sprPlayer->getBoundingBox();

    auto removeSpr = Sprite::create();

    for (Sprite* sprItem : items) {
        Rect rectItem = sprItem->getBoundingBox();
        if (rectPlayer.intersectsRect(rectItem)) {
            removeSpr = sprItem;
        }
    }

    if (items.contains(removeSpr)) {
        resetItem(removeSpr);
        isGetItem = true;
        this->scheduleOnce
```

```
                (schedule_selector(GameScene::resetGetItem), 5.0);
    }

    auto removeMissile = Sprite::create();
    auto removeEnemy = Sprite::create();

    for (Sprite* sprMissile : missiles) {
        Rect rectMissile = sprMissile->getBoundingBox();
        for (Sprite* sprEnemy : enemies) {
            Rect rectEnemy = sprEnemy->getBoundingBox();
            if (rectMissile.intersectsRect(rectEnemy)) {
                removeMissile = sprMissile;
                removeEnemy = sprEnemy;
            }
        }
    }

    if (missiles.contains(removeMissile)) {
        auto particle =
            ParticleSystemQuad::create("game/explosion.plist");
        particle->setPosition(removeEnemy->getPosition());
        particle->setScale(0.5);
        this->addChild(particle);
        auto action = Sequence::create(DelayTime::create(1.0),
                    CallFuncN::create(CC_CALLBACK_1
                    (GameScene::resetBoom, this)),
                    NULL);
        particle->runAction(action);

        resetMissile(removeMissile);
        resetEnemy(removeEnemy);
    }
}
```

示例 12-31 是 update() 方法的实现代码,导弹击中敌机时将在敌机位置上创建粒子,并把粒子缩小为原来的 1/2。然后等待 1 秒钟,再通过动作调用 resetBoom() 方法删除粒子效果。

示例 12-32　resetBoom()

```
void GameScene::resetBoom(Ref *sender)
{
    auto particle = (ParticleSystemQuad*)sender;

    this->removeChild(particle);
}
```

示例 12-32 是 resetBoom() 方法的实现代码,用于删除粒子效果。与其他方法一样,编写完resetBoom()方法的代码后，还要在GameScene.h文件中声明。图12-8是导弹击中敌机时，敌机发生爆炸并消失的运行画面。

图12-8　向敌机添加爆炸效果

以上就是敌机爆炸效果的全部制作过程。但目前画面中只出现1种敌机，显得十分单调。下面使用较大的敌机图片创建Boss机，增加游戏的可玩性与趣味性。

12.10　制作Boss机

本节使用boss.png图片制作Boss机，创建敌机时要按一定概率生成Boss机。创建敌机"精灵"后，还要为其设置标记，该标记值将用作敌机的HP值。

示例12-33　setEnemy()

```
void GameScene::setEnemy(float detla)
{
    int x = PADDING_SCREEN + rand() % ((int)winSize.width -
        PADDING_SCREEN * 2);

    Sprite *sprEnemy;

    if (rand() % 100<20) {
        sprEnemy = Sprite::create("game/boss.png");
        sprEnemy->setTag(100);
    }
```

```
    else {
        sprEnemy = Sprite::create("game/enemy.png");
        sprEnemy->setTag(10);
    }
    sprEnemy->setPosition(Point(x, winSize.height));
    this->addChild(sprEnemy);

    enemies.pushBack(sprEnemy);

    auto action = Sequence::create(
                MoveBy::create(10.0, Point(0, -winSize.height)),
                CallFuncN::create(CC_CALLBACK_1
                (GameScene::resetEnemy, this)),
                NULL);
    sprEnemy->runAction(action);
}
```

示例 12-33 的创建敌机代码部分添加了生成 Boss 机的代码，且生成概率设为 20%。创建敌机后分别设置了标记值，这些标记值将用作各自的 HP 值，Boss 机的 HP 值为 100，普通敌机的 HP 值为 10。前面编写的代码中，导弹击中敌机时，敌机会立即爆炸消失，这种游戏逻辑存在问题，下面修改相关代码进行调整。

示例 12-34 update()

```
void GameScene::update(float delta)
{
    auto sprPlayer = (Sprite*)this->
        getChildByTag(TAG_SPRITE_PLAYER);
    Rect rectPlayer = sprPlayer->getBoundingBox();

    auto removeSpr = Sprite::create();

    for (Sprite* sprItem : items) {
        Rect rectItem = sprItem->getBoundingBox();
        if (rectPlayer.intersectsRect(rectItem)) {
            removeSpr = sprItem;
        }
    }

    if (items.contains(removeSpr)) {
        resetItem(removeSpr);
        isGetItem = true;
        this->scheduleOnce
            (schedule_selector(GameScene::resetGetItem), 5.0);
    }

    auto removeMissile = Sprite::create();
```

```cpp
    auto removeEnemy = Sprite::create();

for (Sprite* sprMissile : missiles) {
    Rect rectMissile = sprMissile->getBoundingBox();
    for (Sprite* sprEnemy : enemies) {
        Rect rectEnemy = Rect(sprEnemy->getPositionX()-10,
            sprEnemy->getPositionY()-10, 20, 20);

        if (rectMissile.intersectsRect(rectEnemy)) {
            int attack = sprMissile->getTag();
            int hp = sprEnemy->getTag();
            removeMissile = sprMissile;

            if (hp-attack>0) {
                sprEnemy->setTag(hp - attack);
            }
            else {
                removeEnemy = sprEnemy;
            }
        }
    }
}

if (missiles.contains(removeMissile)) {
    resetMissile(removeMissile);
}

if (enemies.contains(removeEnemy)) {
    auto particle =
        ParticleSystemQuad::create("game/explosion.plist");
    particle->setPosition(removeEnemy->getPosition());
    particle->setScale(0.5);
    this->addChild(particle);

    auto action = Sequence::create(
                DelayTime::create(1.0),
                CallFuncN::create(CC_CALLBACK_1
                (GameScene::resetBoom, this)),
                NULL);
    particle->runAction(action);

    resetEnemy(removeEnemy);
}
}
```

示例 12-34 中，导弹击中敌机时，敌机不会立即爆炸，而是得到敌机的标记值。该标记值用作敌机的 HP，HP 小于 0 时，敌机才发生爆炸并从画面中消失。此外，对导弹与敌机进行碰撞检测的代码也要稍作调整。图 12-9 是 Boss 机在画面中出现的情景。

图 12-9　Boss 机出现

至此，游戏的大部分已经完成实现。最后，创建标签以记录游戏当前分数与最高分。

12.11　记录分数

本章使用第 10 章的 `UserDefault` 保存最高分。首先添加代码，在游戏画面显示当前分数与最高分。

示例 12-35　GameScene.h

```cpp
#ifndef __GAME_SCENE_H__
#define __GAME_SCENE_H__

#include "cocos2d.h"

USING_NS_CC;

#define TAG_SPRITE_PLAYER       1000
#define TAG_LABEL_SCORE         1001
#define TAG_LABEL_HIGHSCORE     1002


#define PADDING_SCREEN          10

class GameScene : public Layer
```

```cpp
{
public:
    static Scene* createScene();

    virtual bool init();
    CREATE_FUNC(GameScene);

    Size winSize;
    Point posStartTouch, posStartPlayer;

    Vector<Sprite*> items, enemies, missiles;

    bool isGetItem;
    int nScore, nScoreHigh;

    void update(float delta);

    void resetBoom(Ref *sender);

    void resetGetItem(float delta);

    void initData();

    void initBG();
    void initPlayer();

    void initScore();
    void addScore(int add);

    void setMissile(float delta);
    void resetMissile(Ref *sender);

    void setItem(float delta);
    void resetItem(Ref *sender);

    void setEnemy(float delta);
    void resetEnemy(Ref *sender);

    bool onTouchBegan(Touch *touch, Event *unused_event);
    void onTouchMoved(Touch *touch, Event *unused_event);
};

#endif
```

如示例 12-35 所示，GameScene.h 文件声明了得分与最高分变量，以及相应的操作方法。首先对当前分数与最高分进行了宏定义，它们将用于标记相应标签。然后声明了保存当前分数与最高分的 int 型变量 nScore 与 nScoreHigh，initData()方法将其初始化为 0。GameScene.h 中还声明了 initScore()方法与 addScore()方法，分别用于创建显示分数的标签以及更改标签显示的分数。下面开始实现 initScore()与 addScore()这 2 个方法。

示例 12-36 initScore()、addScore()

```cpp
void GameScene::initScore()
{
    auto labelScore = Label::createWithSystemFont("", "", 14);
    labelScore->setAnchorPoint(Point(0, 1));
    labelScore->setPosition(Point(10, winSize.height - 10));
    labelScore->setColor(Color3B::BLACK);
    labelScore->setTag(TAG_LABEL_SCORE);
    this->addChild(labelScore, 100);

    auto labelHigh = Label::createWithSystemFont("", "", 14);
    labelHigh->setAnchorPoint(Point(1, 1));
    labelHigh->setPosition(Point(winSize.width - 10,
        winSize.height - 10));
    labelHigh->setColor(Color3B::BLACK);
    labelHigh->setTag(TAG_LABEL_HIGHSCORE);
    this->addChild(labelHigh, 100);

    addScore(0);
}

void GameScene::addScore(int add)
{
    nScore += add;

    if (nScore>nScoreHigh) {
        nScoreHigh = nScore;
    }

    auto labelScore = (Label*)this->
        getChildByTag(TAG_LABEL_SCORE);
    labelScore->setString(StringUtils::format("SCORE : %d", nScore));

    auto labelHigh = (Label*)this->
        getChildByTag(TAG_LABEL_HIGHSCORE);
    labelHigh->setString(StringUtils::format("HIGHSCORE : %d", nScoreHigh));
}
```

示例 12-36 创建当前分数与最高分两个标签，并设置两个标签要显示的分数。initScore() 方法先创建当前分数标签 labelScore 并显示到画面左上角，然后创建最高分标签 labelHigh 并显示到画面右上角。请注意，创建标签时并没有在标签中显示内容，而是通过 addScore() 方法向标签显示内容。此外，创建标签时也没有特别设定要使用的字体，而是使用默认字体。在 addScore() 方法中把得到的分数与当前分数相加，然后比较当前分数与最高分，若当前分数高于最高分，则将其赋给最高分变量。最后通过标记得到指定标签，并在标签中显示分数。

示例 12-37 init()

```cpp
bool GameScene::init()
{
    if ( !Layer::init() )
    {
        return false;
    }

    auto listener = EventListenerTouchOneByOne::create();
    listener->onTouchBegan =
        CC_CALLBACK_2(GameScene::onTouchBegan, this);
    listener->onTouchMoved =
        CC_CALLBACK_2(GameScene::onTouchMoved, this);
    Director::getInstance()->getEventDispatcher()->
        addEventListenerWithFixedPriority(listener, 1);

    initData();

    initBG();
    initPlayer();
    initScore();

    this->scheduleUpdate();
    this->schedule(schedule_selector(GameScene::setMissile), 0.1);
    this->schedule(schedule_selector(GameScene::setItem), 5.0+rand()%4);
    this->schedule(schedule_selector(GameScene::setEnemy), 3.0+rand()%4);

    return true;
}
```

如示例 12-37 所示，init() 方法添加了调用 initScore() 方法的代码，用于创建分数标签。图 12-10 是代码运行结果。

第 12 章　游戏制作实战 3：射击游戏

图 12-10　显示分数

但上述代码还不能计算分数，所以需要在每次导弹击中敌机时相加。

示例 12-38　update()

```
void GameScene::update(float delta)
{
    auto sprPlayer = (Sprite*)this->
        getChildByTag(TAG_SPRITE_PLAYER);
    Rect rectPlayer = sprPlayer->getBoundingBox();

    auto removeSpr = Sprite::create();

    for (Sprite* sprItem : items) {
        Rect rectItem = sprItem->getBoundingBox();

        if (rectPlayer.intersectsRect(rectItem)) {
            removeSpr = sprItem;
        }
    }

    if (items.contains(removeSpr)) {
        resetItem(removeSpr);
        isGetItem = true;
        this->scheduleOnce
            (schedule_selector(GameScene::resetGetItem), 5.0);
    }
```

```cpp
auto removeMissile = Sprite::create();
auto removeEnemy = Sprite::create();

for (Sprite* sprMissile : missiles) {

    Rect rectMissile = sprMissile->getBoundingBox();

    for (Sprite* sprEnemy : enemies) {

        Rect rectEnemy = Rect(sprEnemy->getPositionX()-10,
            sprEnemy->getPositionY()-10, 20, 20);

        if (rectMissile.intersectsRect(rectEnemy)) {

            int attack = sprMissile->getTag();
            int hp = sprEnemy->getTag();

            removeMissile = sprMissile;

            if (hp-attack>0) {
                sprEnemy->setTag(hp - attack);
                addScore(1);
            }
            else {
                removeEnemy = sprEnemy;
                addScore(100);
            }
        }
    }
}

if (missiles.contains(removeMissile)) {
    resetMissile(removeMissile);
}

if (enemies.contains(removeEnemy)) {
    auto particle =
        ParticleSystemQuad::create("game/explosion.plist");
    particle->setPosition(removeEnemy->getPosition());
    particle->setScale(0.5);
    this->addChild(particle);

    auto action = Sequence::create(
                DelayTime::create(1.0),
                CallFuncN::create(CC_CALLBACK_1(GameScene::resetBoom,
```

```
                          this)),
                      NULL);
        particle->runAction(action);

        resetEnemy(removeEnemy);
    }
}
```

示例 12-38 中,导弹击中敌机时将当前分数加 1 分,敌机爆炸时加 100 分。像上面这样把计算分数的代码编写完成后,接下来要使用 `UserDefault` 保存最高分,以便出现更高分数时进行更新。

示例 12-39 `addScore()`

```
void GameScene::addScore(int add)
{
    nScore += add;

    if (nScore>nScoreHigh) {
        nScoreHigh = nScore;
        UserDefault::getInstance()->
            setIntegerForKey("HIGH_SCORE", nScoreHigh);
        UserDefault::getInstance()->flush();
    }

    auto labelScore = (Label*)this->
        getChildByTag(TAG_LABEL_SCORE);
    labelScore->setString(StringUtils::format("SCORE : %d", nScore));

    auto labelHigh = (Label*)this->
        getChildByTag(TAG_LABEL_HIGHSCORE);
    labelHigh->setString(StringUtils::format("HIGHSCORE : %d", nScoreHigh));
}
```

如示例 12-39 所示,`addScore()` 方法可以检测到玩家在游戏中得到了更高的分数,并把新的最高分保存到 `UserDefault`。下面在 `initData()` 方法中添加代码,使游戏开始时加载 `UserDefault` 中保存的最高分。

示例 12-40 `initData()`

```
void GameScene::initData()
{
    winSize = Director::getInstance()->getWinSize();

    items.clear();
```

```
    enemies.clear();
    missiles.clear();

    isGetItem = false;
    nScore = 0;
    nScoreHigh = UserDefault::getInstance()->
        getIntegerForKey("HIGH_SCORE", 0);
}
```

示例 12-40 添加了加载游戏最高分的代码。图 12-11 是整个游戏的运行画面，顶部显示当前分数与历史最高分。

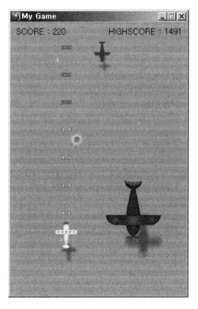

图 12-11　游戏运行画面

12.12　小结

至此，本书的最后一个示例游戏射击游戏全部编写完成。我们共学习制作了 3 个游戏，它们是游戏开发中最基本、最简单的游戏。为了以后能够制作出更酷炫的游戏，希望各位从俄罗斯方块、打砖块等简单游戏开始练习。没有人能够在短时间内轻松编写出复杂的游戏。大家可以先从本书这些简单的游戏出发，多多练习，制作能力达到一定水平后就能轻松编写出自己想制作的游戏。第 13 章将学习游戏开发中使用的 GUI 功能。

第13章

GUI 结构

Cocos2d-x 提供了滚动视图类（ScrollView）、九宫格"精灵"类（Scale9Sprite）、编辑框类（EditBox），常用于构建 GUI（Graphical User Interface，图形用户界面），本章将学习相关内容。

| 本章主要内容 |

- 滚动视图
- 九宫格"精灵"
- 编辑框

13.1 滚动视图

需要在同一画面显示大量信息，比如游戏帮助、商品列表等时，经常使用滚动视图。Cocos2d-x 提供了滚动视图类，用户通过触屏引发触摸事件即可滚动视图。要显示的信息大于屏幕的可视区域时，常常用它浏览信息。滚动视图类的使用方法与之前的其他类相似，不同之处在于实现滚动视图时，除了滚动视图外，还需要 layer（层）作为滚动视图的容器。下面在基本项目中使用 Cocos2d-x 提供的滚动视图类实现滚动视图功能。

13.1.1 实现滚动视图

实现滚动视图功能之前，先在 HelloWorld.h 文件中添加一些代码，如下所示。

示例 13-1　HelloWorldScene.h

```cpp
#ifndef __HELLOWORLD_SCENE_H__
#define __HELLOWORLD_SCENE_H__

#include "cocos2d.h"
#include "cocos-ext.h"

USING_NS_CC;
USING_NS_CC_EXT;

class HelloWorld : public Layer
{

public:

    virtual bool init();
    static Scene* createScene();
    CREATE_FUNC(HelloWorld);
};

#endif
```

滚动视图类不是 Cocos2d-x 的基本类，而是扩展类（Extensions），使用前要先添加扩展类的头文件 cocos-ext.h，如示例 13-1 所示。添加 USING_NS_CC_EXT 语句以省略命名空间。在 Mac 中如示例 13-1 所示添加代码后，即可成功编译程序，但在 Windows 中编译程序时，会发生错误，因为编译程序找不到相应文件。为此，需要把扩展类库的路径添加到项目属性。

如图 13-1 所示，在属性页中依次选择**配置属性➤C/C++➤常规➤附加包含目录**，在附加包含目录中添加**$(EngineRoot)**路径。若已经添加，就不需要再添加了。然后在解决方案资源管理器中，将当前项目文件夹下的 cocos2d\extensions\proj.win32 文件夹中的 libExtensions 项目添加到当前项目。但由于 libExtensions 项目使用的是 Visual Studio 2010 的 VC++编辑器和库，所以直接使用会发生错误。为解决该问题，需要点击**右键**，在弹出的菜单中选择**升级 C++编译器和库**将其升级为 **2012** 或 **2013** 版本。

图 13-1　test 属性页

像上面这样添加 libExtensions 后，再次打开**项目属性**对话框，在**通用属性**中选择引用，单击**添加新引用**将刚才添加的 libExtensions 项目添加为新引用。

图 13-2　test 通用属性

示例 13-2　init()

```
bool HelloWorld::init()
{
    if ( !Layer::init() )
    {
```

```
        return false;
    }

    auto layer = LayerColor::create(Color4B(255, 255, 255, 255));
    layer->setContentSize(Size(100, 600));
    this->addChild(layer);

    return true;
}
```

示例 13-2 的 init() 方法创建了白色层,并调用 setContentSize() 方法将其宽度和高度分别设置为 100 像素和 600 像素。如图 13-3 所示,高度为 600 像素的白色层只在画面中显示出 320 像素(画面高度),其上半部分并未显示。像这样,需要显示比画面大小更多的信息时,就要使用滚动视图实现。

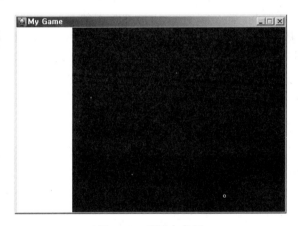

图 13-3 显示白色层

接下来,向示例 13-2 的 init() 方法添加视图滚动代码。

示例 13-3 init()

```
bool HelloWorld::init()
{
    if ( !Layer::init() )
    {
        return false;
    }

    auto layer = LayerColor::create(Color4B(255, 255, 255, 255));
    layer->setContentSize(Size(100, 600));

    auto scroll = ScrollView::create(Size(100, 320), layer);
```

```
scroll->setDirection(ScrollView::Direction::VERTICAL);
scroll->setBounceable(false);
this->addChild(scroll);

    return true;
}
```

示例 13-3 添加了视图滚到代码，先创建白色层，再创建滚动视图。需要注意，白色层不再直接显示到画面，而是作为容器包含于滚动视图，所以不能再调用 this 的 addChild() 方法添加。下面逐行分析。

```
auto scroll = Scrollview::create(Size(100, 320), layer);
```

上述代码调用 create() 方法创建滚动视图，方法的第一个参数设置滚动视图的大小，一定要在该方法中进行设置。若像层一样调用 setContentSize() 方法设置大小，则设置的不是画面中显示的滚动视图的大小，而是滚动视图所含的容器的大小。示例 13-3 设置的是滚动视图所含的容器 layer 的大小，而不是滚动视图 scroll 的大小。当然，也可以调用 setViewSize() 方法改变滚动视图的大小。方法的第二个参数接收滚动视图中需要滚动的对象，示例 13-3 的第二个参数是先前创建的白色层 layer，因而不再需要另外调用 this 的 addChild() 方法添加。设置滚动视图中所含容器时，除了使用 create() 方法外，还可以使用 setContainer() 另行设置。

```
scroll->setDirection(ScrollView::Direction::VERTICAL);
```

上述代码设置滚动视图的滚动方向。若不调用 setDirection() 方法设置滚动视图方向，则双向（左右、上下）滚动。

表13-1 滚动方向

方　向	说　明
ScrollView::Direction::Both	左右、上下方向均可滚动
ScrollView::Direction::Horizontal	仅左右方向滚动
ScrollView::Direction::VERTICAL	仅上下方向滚动

```
scroll->setBounceable(false);
```

上述语句设置滚动视图的回弹效果。设置为 true 时，用户触屏滚动到终点后，可以继续滚动，松开触摸时，视图会再次回弹到原来的位置；设置为 false 时，用户触屏滚动视图到终点后，将无法继续滚动视图。由于 setBounceable() 方法的默认参数为 true，所以不另行设置即可应用视图回弹效果。运行示例 13-3 即显示图 13-3 所示画面，白色层部分可以自上而下滚动画面，但这一点很难从画面上直接观察到。为了更直观地显示滚动效果，向 init() 方法添加创建"精灵"的代码。

示例 13-4　init()

```
bool HelloWorld::init()
{
    if ( !Layer::init() )
    {
        return false;
    }

    auto layer = LayerColor::create(Color4B(255, 255, 255, 255));
    layer->setContentSize(Size(100, 600));

    auto spr = Sprite::create("Icon-57.png");
    spr->setPosition(Point(50, 450));
    layer->addChild(spr);

    auto scroll = ScrollView::create(Size(100, 320), layer);
    scroll->setDirection(ScrollView::Direction::VERTICAL);
    scroll->setBounceable(false);
    this->addChild(scroll);

    return true;
}
```

示例 13-4 添加了创建图像"精灵"的代码，并调用 addChild()方法将其添加到白色层 layer。把图像"精灵"添加到白色层时，将其设置到(50, 450)位置。而画面高度仅为 320，即把图像"精灵"设置到画面之外。开始运行程序时看不到图像"精灵"，自上而下滚动视图时，图像"精灵"才显示出来。图 13-4 是示例 13-4 的运行画面。

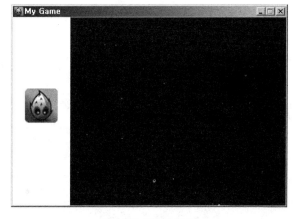

图 13-4　显示图标

13.1.2 设置滚动视图

前面学习了创建滚动视图及设置滚动视图的基本方法，除此之外，还有几个关于滚动视图的重要方法。

- **setContentOffset()**

该方法为包含于滚动视图的层设置偏移位置。

示例 13-5　init()

```
bool HelloWorld::init()
{
    if ( !Layer::init() )
    {
        return false;
    }

    auto layer = LayerColor::create(Color4B(255, 255, 255, 255));
    layer->setContentSize(Size(100, 600));

    auto spr = Sprite::create("Icon-57.png");
    spr->setPosition(Point(50, 450));
    layer->addChild(spr);

    auto scroll = ScrollView::create(Size(100, 320), layer);
    scroll->setDirection(ScrollView::Direction::VERTICAL);
    scroll->setBounceable(false);
    this->addChild(scroll);

    scroll->setContentOffset(Point(0, -280));

    return true;
}
```

示例 13-5 调用 setContentOffset() 方法为滚动视图中的层设置偏移位置，所以一开始运行以上代码后，原本位于画面上方的层即被设置到画面的中间位置。

示例 13-6　init()

```
bool HelloWorld::init()
{
    if ( !Layer::init() )
    {
        return false;
    }
```

```
    auto layer = LayerColor::create(Color4B(255, 255, 255, 255));
    layer->setContentSize(Size(100, 600));

    auto spr = Sprite::create("Icon-57.png");
    spr->setPosition(Point(50, 450));
    layer->addChild(spr);

    auto scroll = ScrollView::create(Size(100, 320), layer);
    scroll->setDirection(ScrollView::Direction::VERTICAL);
    scroll->setBounceable(false);
    this->addChild(scroll);

    scroll->setContentOffsetInDuration(Point(0, -280), 0.5);

    return true;
}
```

示例 13-6 调用 setContentOffsetInDuration() 方法为滚动视图中的白色层设置偏移位置。与示例 13-5 不同，该方法不是一开始就将滚动视图设置到指定位置，而是经过一定时间，最后才到达指定位置。

13.2 九宫格"精灵"

显示内容不同，游戏中使用的弹出图像大小通常也不相同。显示的内容经常变化时，很难为弹出图像设置固定大小，此时使用九宫格"精灵"会非常方便。使用九宫格"精灵"创建矩形"精灵"时，会将指定图像九等分，然后将其组合显示到画面。首先使用 Icon-114.png 图像创建九宫格"精灵"。

示例 13-7 init()

```
bool HelloWorld::init()
{
    if ( !Layer::init() )
    {
        return false;
    }

    auto spr = Scale9Sprite::create("Icon-114.png");
    spr->setContentSize(Size(300, 300));
    spr->setPosition(Point(240, 160));
    this->addChild(spr);

    return true;
}
```

首先在基本项目的 HelloWorldScene.cpp 文件中修改 init() 方法，如示例 13-7 所示。注意，与滚动视图一样，需要先把 libExtensions 项目添加到当前项目。图 13-5 是示例 13-7 的运行画面。

图 13-5　显示图像

上述代码调用 setContentSize() 方法将九宫格 "精灵" 的内容大小设置为(300, 300)。对非九宫格 "精灵" 而言，调用 setContentSize() 方法是不起作用的。但是，对九宫格 "精灵" 调用该方法时，会将其中内容放大到指定大小。这种放大效果不同于我们熟知的 setScale() 方法的放大效果。对于九宫格 "精灵"，调用 setContentSize() 方法放大图像时，并不像调用 setScale() 方法那样仅按指定比率放大图像，而是将图像九等分后创建新 "精灵"。

图 13-6　图像九等分

如图 13-6 所示，示例 13-7 使用的 Icon-114.png 图像沿水平方向和垂直方向分别三等分，最终被九等分。使用九宫格 "精灵" 创建新 "精灵" 时，只有 1、3、7、9 不会拉伸变形，它们将原封不动地成为九宫格 "精灵" 的 4 个角。2、8 区域高度保持不变，仅放大宽度；而 4、6 区域宽度保持不变，仅放大高度；中间的 5 区域会根据要创建的 "精灵" 大小同时放大宽度与高度。

因此，运行示例 13-7 即可看到如图 13-5 所示的结果画面。创建九宫格"精灵"时，也可以另外设置中间图像区域。这样，其余图像区域会自动设置，最终得到更自然的图像。

示例 13-8 `init()`

```
bool HelloWorld::init()
{
    if ( !Layer::init() )
    {
        return false;
    }

    auto spr = Scale9Sprite::create("Icon-114.png",
        Rect(0, 0, 114, 114), Rect(7, 7, 114-7*2, 114-7*2));
    spr->setContentSize(Size(300, 300));
    spr->setPosition(Point(240, 160));
    this->addChild(spr);

    return true;
}
```

示例 13-8 创建九宫格"精灵"时设置了中间图像区域的大小。

```
auto spr = Scale9Sprite::create("Icon-114.png", Rect(0, 0, 114, 114),
Rect(7, 7, 114-7*2, 114-7*2));
```

以上代码创建九宫格"精灵"时，第一个参数指定图像文件名为 Icon-114.png，第二个参数指定创建九宫格"精灵"时要用的图像区域，第三个参数确定分割位置，对应于图 13-4 的 5 区域。示例 13-8 中，图像的上下左右分别留出 7 像素，将图像中间部分用作 5 区域。图 13-7 是示例 13-8 的运行结果。

图 13-7　放大显示图像

像这样使用九宫格"精灵"创建矩形图像时,对应于弹出框的图像部分放大时不会发生拉伸变形。下面比较普通"精灵"的放大效果和使用九宫格"精灵"的放大效果,如示例 13-9 所示。

示例 13-9 init()

```cpp
bool HelloWorld::init()
{
    if ( !Layer::init() )
    {
        return false;
    }
    
    auto spr_1 = Sprite::create("green_edit.png");
    spr_1->setScale(3.0);
    spr_1->setPosition(Point(100,160));
    this->addChild(spr_1);
    
    auto spr_2 = Scale9Sprite::create("green_edit.png");
    spr_2->setContentSize(Size(28*3, 28*3));
    spr_2->setPosition(Point(300, 160));
    this->addChild(spr_2);
    
    return true;
}
```

示例 13-9 先使用 green_edit.png 图像创建普通"精灵"并将其放大 3 倍,然后创建九宫格"精灵",也放大 3 倍。

如图 13-8 所示,左侧为普通"精灵",放大 3 倍后,图像外部轮廓发生拉伸变形,难以使用;右侧为九宫格"精灵",也放大了 3 倍,但是图像的外部轮廓并未发生拉伸变形,所以九宫格"精灵"常用于实现弹窗等具有多种大小的图像。

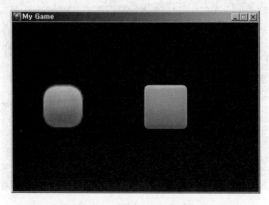

图 13-8　普通"精灵"与九宫格"精灵"

13.3 编辑框

游戏中常使用编辑框接收用户输入,比如用户名、密码等。编辑框类输出用户输入到矩形图像的字符串,组成编辑框的矩形图像是 13.2 节的九宫格"精灵"。下面通过简单示例学习编辑框相关内容。

示例 13-10 `init()`

```cpp
bool HelloWorld::init()
{
    if ( !Layer::init() )
    {
        return false;
    }

    auto editbox = EditBox::create(Size(400, 50),
        Scale9Sprite::create("green_edit.png"));
    editbox->setPosition(Point(240, 160));
    editbox->setPlaceHolder("Name:");
    editbox->setMaxLength(8);
    this->addChild(editbox);

    return true;
}
```

示例 13-10 使用编辑框接收用户名。下面逐行分析。

```
auto editbox = EditBox::create(Size(400, 50),
Scale9Sprite::create("green_edit.png"));
```

上述代码创建编辑框,第一个参数设置编辑框大小,第二个参数接收九宫格"精灵"。虽然九宫格"精灵"使用的 green_edit.png 图像大小为 28×28 像素,但由于第一个参数输入的大小为 400×50,所以九宫格"精灵"会将图像放大到指定大小。

`editbox->setPlaceHolder("Name:");`

以上代码是占位符,占位符是输入文本前显示到编辑框的字符串。占位符文本默认为灰色。

`editbox->setMaxLength(8);`

以上代码设置编辑框可接受字符的最大输入长度。

图 13-9 是示例 13-10 的运行画面。

图 13-9　显示编辑框

与示例 13-10 中设置的一样，画面中出现大小为 400×50 像素的图像，并且图像中显示 Name: 占位符。

图 13-10　向编辑框输入文字（iOS）

iOS 系统中，触摸图 13-7 的绿色图像可打开输入键盘，然后输入相应文字即可，如图 13-10 所示。但 win32 环境下不会弹出如图 13-10 所示的输入键盘，而是另外弹出输入对话框。关于输入键盘的设置仅适用于 Mac 环境下的 iOS 项目以及 Android 项目。示例 13-10 将编辑框的最大输入长度设置为 8，所以最多只能输入 8 个字符。

我们通过简单示例学习了编辑框的使用方法，下面详细讲解编辑框设置相关内容。

13.3.1　编辑框设置

使用编辑框时，除了可以指定显示的字体、大小等内容外，还可以对 iOS 与 Android 中显示的虚拟键盘进行多种设置。

- `setPlaceholderFont(const char *pFontName, intfontSize)`：设置占位符字体种类及大小。
- `setPlaceholderFontColor(const Color3B &color)`：设置占位符字体颜色。
- `setFont(const char *pFontName, intfontSize)`：设置字体种类与大小。
- `setFontColor(const Color3B &color)`：设置字体颜色。
- `setReturnType(EditBox::KeyboardReturnType returnType)`：设置键盘返回键的类型。键盘返回键是图13-10中输入键盘右下角的 return 键。根据不同的设置类型，其代表的字符串也不同。

表13-2 返回键的类型

类　型	含　义
EditBox::KeyboardReturnType::DEFAULT	默认值（return）
EditBox::KeyboardReturnType::DONE	Done
EditBox::KeyboardReturnType::SEND	Send
EditBox::KeyboardReturnType::SEARCH	Search
EditBox::KeyboardReturnType::GO	Go

- `setInputMode(EditBox::InputMode inputMode)`：设置键盘输入模式。

表13-3 输入模式类型

输入模式	说　明
EditBox::InputMode::ANY	默认输入模式
EditBox::InputMode::EMAIL_ADDRESS	电子邮件地址输入模式
EditBox::InputMode::NUMERIC	数字及特殊符号输入模式
EditBox::InputMode::PHONE_NUMBER	电话号码输入模式
EditBox::InputMode::URL	URL输入模式
EditBox::InputMode::DECIMAL	数字及实数输入模式

- `setInputFlag(EditBox::InputFlag inputFlag)`：设置键盘输入标志。

表13-4 输入标志类型

类　型	说　明
EditBox::InputFlag::PASSWORD	密码输入标志（显示为*）
EditBox::InputFlag::SENSITIVE	关闭提示功能
EditBox::InputFlag::INITIAL_CAPS_WORD	每个单词首字母大写
EditBox::InputFlag::INITIAL_CAPS_SENTENCE	每个句子首字母大写
EditBox::InputFlag::INITIAL_CAPS_CHARACTERS	自动将所有字母大写

示例 13-11 init()

```
bool HelloWorld::init()
{
    if ( !Layer::init() )
    {
        return false;
    }

    auto editbox = EditBox::create(Size(400, 50),
        Scale9Sprite::create("green_edit.png"));
    editbox->setPosition(Point(240, 160));
    editbox->setPlaceHolder("Name:");
    editbox->setMaxLength(8);
    this->addChild(editbox);

    editbox->setPlaceholderFont("", 30);
    editbox->setPlaceholderFontColor(Color3B::BLUE);
    editbox->setFont("", 20);
    editbox->setFontColor(Color3B::RED);
    editbox->setReturnType(EditBox::KeyboardReturnType::SEARCH);
    editbox->setInputMode(EditBox::InputMode::NUMERIC);
    editbox->setInputFlag(EditBox::InputFlag::PASSWORD);

    return true;
}
```

示例 13-11 添加了许多编辑框设置代码。图 13-11 是示例 13-11 的运行画面。

图 13-11　添加更多设置的编辑框（iOS）

示例代码将字体颜色设置为红色并显示，并且把输入标志设置为密码，输入密码显示星号（*）。此外，还将返回键的类型设置为 Search，把键盘输入类型设置为数字与特殊符号。

13.3.2 委托

委托（Delegate）是指，特定对象做某个动作时，调用执行事先指定的方法。使用委托时，只要在相应类中对委托方法重新定义即可。编辑框的委托方法有如下 4 种。

- `virtual void editBoxEditingDidBegin(EditBox* editBox)`：单击编辑框时调用该方法。
- `virtual void editBoxEditingDidEnd(EditBox* editBox)`：按返回键终止向编辑框的输入时调用该方法。
- `virtual void editBoxTextChanging(EditBox* editBox, const std::string& text)`：单击编辑框后，每次输入字符即调用该方法。
- `virtual void editBoxReturn(EditBox* editBox)`：按返回键调用该方法。按下返回键时，先调用 `editBoxEditingDidEnd()` 方法，然后立刻调用 `editBoxReturn()` 方法。

为了使用编辑框委托，首先修改头文件，如示例 13-12 所示。

示例 13-12 HelloWorldScene.h

```
#ifndef __HELLOWORLD_SCENE_H__
#define __HELLOWORLD_SCENE_H__

#include "cocos2d.h"
#include "cocos-ext.h"

USING_NS_CC;
USING_NS_CC_EXT;

class HelloWorld : public Layer, public EditBoxDelegate
{

public:

    virtual bool init();
    static cocos2d::Scene* createScene();
    CREATE_FUNC(HelloWorld);

protected:

    virtual void editBoxEditingDidBegin(EditBox* editBox);
    virtual void editBoxEditingDidEnd(EditBox* editBox);
    virtual void editBoxTextChanged(EditBox* editBox,
        const std::string& text);
    virtual void editBoxReturn(EditBox* editBox);
```

```
};

#endif
```

如示例13-12所示，为了使用编辑框委托，首先要继承 EditBoxDelegate 类，并且要对4个委托虚拟方法进行声明。

示例 13-13 EditBoxDelegate

```
void HelloWorld::editBoxEditingDidBegin(EditBox* editBox)
{
    CCLOG("--- editBoxEditingDidBegin ---");
}

void HelloWorld::editBoxEditingDidEnd(EditBox* editBox)
{
    CCLOG("--- editBoxEditingDidEnd ---");
}

void HelloWorld::editBoxTextChanged(EditBox* editBox,           const
std::string& text)
{
    CCLOG("--- editBoxTextChanged ---");
}

void HelloWorld::editBoxReturn(EditBox* editBox)
{
    CCLOG("--- editBoxReturn ---");
}
```

示例13-13实现了编辑框委托的4个虚拟方法。应用委托时，要调用 setDelegate()方法为创建的编辑框设置委托，这样编辑框发生某个动作时，就会调用执行当前类中重定义的委托方法。

示例 13-14 init()

```
bool HelloWorld::init()
{
    if ( !Layer::init() )
    {
        return false;
    }
    
    auto editbox = EditBox::create(Size(400, 50),
        Scale9Sprite::create("green_edit.png"));
```

```
    editbox->setPosition(Point(240, 160));
    editbox->setPlaceHolder("Name:");
    editbox->setMaxLength(8);
    this->addChild(editbox);

    editbox->setPlaceholderFont("", 30);
    editbox->setPlaceholderFontColor(Color3B::BLUE);
    editbox->setFont("", 20);
    editbox->setFontColor(Color3B::RED);
    editbox->setReturnType
            (EditBox::KeyboardReturnType::SEARCH);
    editbox->setInputMode(EditBox::InputMode::NUMERIC);
    editbox->setInputFlag(EditBox::InputFlag::PASSWORD);

    editbox->setDelegate(this);

    return true;
}
```

示例13-14的init()方法添加了为编辑框设置委托的代码。运行以上示例代码后，触摸编辑框时即调用 editBoxEditingDidBegin()方法，每次输入文字时就调用 editBoxTextChanged()方法。按返回键时结束输入时，依次调用 editBoxEditingDidEnd()与 editBoxReturn()方法。

13.4 小结

本章学习了游戏制作中常用的GUI类，这些类不属于游戏逻辑部分，它们构成了游戏的GUI。第14章将介绍网络通信相关功能。

网络实现

Cocos2d-x 3.0 开始提供 HttpClient 类、WebSocket 与 socketIO 类，前者支持 HTTP 协议通信，后者用于套接字通信。本章将学习 HttpClient 类的使用方法、与服务器通过 JSON 进行通信的方法、在游戏中使用网络图片的方法，以及保存并使用网络文件的方法。

| 本章主要内容 |

- 使用 HttpClient 类
- 使用 JSON 通信
- 显示网络图片
- 保存网络文件

14.1 使用 `HttpClient` 类

为了实现 HTTP 协议通信，Cocos2d-x 提供了 `HttpClient` 类，它位于 network 文件夹。下面在基本项目中使用 `HttpClient` 类实现简单的 HTTP 协议通信。

示例 14-1 HelloWorldScene.h

```cpp
#ifndef __HELLOWORLD_SCENE_H__
#define __HELLOWORLD_SCENE_H__

#include "cocos2d.h"
#include "network/HttpClient.h"

USING_NS_CC;
using namespace cocos2d::network;

class HelloWorld : public Layer
{
public:

    static Scene* createScene();

    virtual bool init();
    CREATE_FUNC(HelloWorld);

    void onHttpRequestCompleted(HttpClient *sender,
        HttpResponse *response);
};

#endif
```

进行 HTTP 协议通信测试前，修改 HelloWorldScene.h 的代码，如示例 14-1 所示。首先引入 "network/HttpClient.h" 头文件，它包含网络相关类，然后添加 using namespace cocos2d::network，这样使用其中包含的网络类时可以省略 cocos2d::network 命名空间。在 Windows 下以 win32 项目运行时，要像 13.1.1 节那样为当前项目添加属性及外部项目。实现网络时，要把如下 libNetwork 添加到当前项目。

项目文件夹\cocos2d\cocos\network\proj.win32\libNetwork.vcxproj

此外，还要添加外部库 libCurl。添加时，只要在 Visual Studio 中把以下路径中的文件拖动到当前项目即可。

项目文件夹\cocos2d\external\curl\prebuilt\win32\libCurl_imp.lib

示例14-1还声明了onHttpRequestCompleted()方法，用于接收通信结果。onHttpRequestCompleted()方法带有2个参数，第一个参数是发送通信请求的HttpClient对象，第二个参数是接收通信响应值的HttpResponse对象。

示例14-2　init()

```cpp
bool HelloWorld::init()
{
    if ( !Layer::init() )
    {
        return false;
    }

    HttpRequest* request = new HttpRequest();

    request->setUrl("http://httpbin.org/ip");
    request->setRequestType(HttpRequest::Type::GET);
    request->setResponseCallback(this, httpresponse_selector
        (HelloWorld::onHttpRequestCompleted));

    request->setTag("GET test");

    HttpClient::getInstance()->send(request);

    request->release();

    return true;
}
```

示例14-2的init()方法直接实现了HTTP协议通信请求部分。由于HttpClient用于UI线程与网络线程，自动释放可能引发错误，所以不允许自动释放。另外，Cocos2d-x并未提供相应的create()方法，创建时必须使用new关键字。对于使用new关键字创建的对象，完成网络通信后，要调用release()方法释放。请求HTTP协议通信时一般要经过如下几个步骤。

(1) 创建HTTP网络请求对象。

```cpp
HttpRequest *request = new HttpRequest();
```

(2) 设置要连接的URL。

```cpp
request->setUrl("http://httpbin.org/ip");
```

(3) 设置通信方式（GET/POST/PUT/DELETE）。

```cpp
request->setRequestType(HttpRequest::Type::GET);
```

(4) 设置接收 HTTP 响应的选择器（方法）。

```
request->setResponseCallback(this, httpresponse_selector(HttpClientTest::
onHttpRequestCompleted));
```

(5) 使用 POST 方式通信时，设置额外要发送的数据。

```
const char* postData = "visitor=cocos2d&TestSuite=Extensions Test/NetworkTest";
request->setRequestData(postData, strlen(postData));
```

(6) 设置标记（必要时）。

```
request->setTag("GET TEST");
```

(7) 传输。

```
HttpClient::getInstance()->send(request);
```

(8) 释放。

```
request->release();
```

如步骤 1 所示，创建 HTTP 请求时，只能使用 new 关键字，而不能使用 create() 方法。然后设置要连接的服务器的地址，输入包含 "http://" 的地址即可。根据通信方式从 GET、POST、PUT、DELETE 中选择要使用的请求类型。服务器接收某些数据时一般使用 GET 方式，传送某些数据并根据其值接收不同结果值时使用 POST 方式，更新或删除服务器数据时则使用 PUT 与 DELETE 方式。大部分游戏服务器使用 POST 方式实现，但示例 14-2 仅用于测试，所以选用 GET 方式。此外还设置了接收响应数据的回调方法，这样服务器就把请求的数据返回指定的回调方法。

使用的通信方式为 POST 时，客户端可以使用步骤 5 的语句传送其他数据。如果需要设置标记，则调用步骤 6 即可。但请注意，前面设置的标记均为 int 型，而此处的标记为字符串。最后，如步骤 7 所示，传送设置内容的 request 通过 release() 方法释放内存。下面编写 onHttpRequestCompleted() 方法接收响应数据。

示例 14-3 onHttpRequestCompleted()

```
void HelloWorld::onHttpRequestCompleted(HttpClient *sender, HttpResponse *response)
{
    if (!response) return;

    if (0 != strlen(response->getHttpRequest()->getTag()))
    {
        CCLOG("%s completed", response->getHttpRequest()->
            getTag());
    }

    long statusCode = response->getResponseCode();
```

```
    CCLOG("response code: %ld", statusCode);

    if (!response->isSucceed())
    {
        CCLOG("response failed");
        CCLOG("error buffer: %s", response->getErrorBuffer());
        return;
    }

    std::vector<char> *buffer = response->getResponseData();
    char str[256] = {};
    for (unsigned int i = 0; i < buffer->size(); i++)
    {
        sprintf(str, "%s%c", str, (*buffer)[i]);
    }
    CCLOG("%s", str);
}
```

示例 14-3 是 onHttpRequestCompleted()方法的实现代码,用于处理 HTTP 协议通信的响应数据。首先,不能正常接收响应数据时,直接返回。若接收到响应数据,则用请求时设置的标记显示请求结束。像这样灵活使用请求时设置的标记即可,然后输出 HTTP 状态代码。若通信正常结束,则状态代码为 200。HTTP 状态代码相关内容请参考以下文档。

HTTP 状态代码 wiki 页面:

http://en.wikipedia.org/wiki/List_of_HTTP_status_codes

响应失败时显示相关失败信息,响应成功时调用 response 的 getResponseData()方法获取响应内容,最后把响应内容显示到输出窗口,得到示例 14-4 所示的输出结果。

示例 14-4　输出结果

```
GET test completed
{
    "origin": "100.10.100.10"
}
```

上述输出结果省略了部分信息,因为这部分信息会随程序每次的运行状况而有所改变。从 GET test completed 部分开始是 HttpClient 请求的响应内容。以上就是最基本的 HTTP 通信程序。

14.2　使用 JSON 通信

从示例 14-4 可以看到,响应结果包含于大括号内,且为 JSON 数据交换格式。使用 HTTP

方式实现游戏服务器时，客户端与服务器通信大多采用 JSON 数据格式。虽然可以在 Cocos2d-x 中通过直接实现相关部分以使用 JSON 方式通信，但使用 C 语言实现的 cJSON 库会更方便。cJSON 文件是开源的，可以从网上免费下载。cJSON 文件由 cJSON.c 与 cJSON.h 组成，也包含示例项目。使用 cJSON 时，只要将 cJSON.c 与 cJSON.h 复制到 classes 文件夹并添加到项目即可。

示例 14-5 HelloWorldScene.h

```
#ifndef __HELLOWORLD_SCENE_H__
#define __HELLOWORLD_SCENE_H__

#include "cocos2d.h"
#include "network/HttpClient.h"
#include "cJSON.h"

USING_NS_CC;
using namespace cocos2d::network;

class HelloWorld : public Layer
{
public:

    static Scene* createScene();

    virtual bool init();
    CREATE_FUNC(HelloWorld);

    void onHttpRequestCompleted(HttpClient *sender,
        HttpResponse *response);
};

#endif
```

如示例 14-5 所示，先向头文件添加 cJSON.h 文件。

示例 14-6 init() 方法

```
bool HelloWorld::init()
{
    if ( !Layer::init() )
    {
        return false;
    }

    HttpRequest* request = new HttpRequest();
```

```cpp
request->setUrl("http://httpbin.org/get");
request->setRequestType(HttpRequest::Type::GET);
request->setResponseCallback(this, httpresponse_selector
    (HelloWorld::onHttpRequestCompleted));

request->setTag("GET test");

HttpClient::getInstance()->send(request);

request->release();

return true;
}
```

示例 14-6 是向网络请求使用 JSON 的源代码。与示例 14-2 基本一致，但请求的服务器地址略有不同。修改地址即可接收到具有双重结构的响应结果，而不是简单的结果。

示例 14-7 onHttpRequestCompleted()

```cpp
void HelloWorld::onHttpRequestCompleted(HttpClient *sender, HttpResponse *response)
{
    if (!response) return;

    if (0 != strlen(response->getHttpRequest()->getTag()))
    {
        CCLOG("%s completed", response->getHttpRequest()->
            getTag());
    }

    if (!response->isSucceed())
    {
        log("response failed");
        log("error buffer: %s", response->getErrorBuffer());
        return;
    }

    std::vector<char> *buffer = response->getResponseData();
    char str[256] = {};
    for (unsigned int i = 0; i < buffer->size(); i++)
    {
        sprintf(str, "%s%c", str, (*buffer)[i]);
    }
    CCLOG("%s", str);

    cJSON *json = cJSON_Parse((const char *)str);
```

```
    cJSON *data_origin = cJSON_GetObjectItem(json, "origin");
    CCLOG("origin : %s", cJSON_Print(data_origin));

    cJSON *data_header = cJSON_GetObjectItem(json, "headers");
    cJSON *data_host = cJSON_GetObjectItem(data_header, "Host");
    CCLOG("host : %s", cJSON_Print(data_host));
}
```

示例14-7使用cJSON，采用JSON方式接收响应结果。示例14-8是示例14-7的输出结果。

示例 14-8　输出结果

```
GET test completed
{
    "origin": "100.10.100.10",
    "headers": {
        "Accept": "*/*",
        "X-Request-Id": "48c5e9ed-5984-4b0b-9497-32c60c95b762",
        "Connection": "close",
        "Host": "httpbin.org"
    },
    "url": "http://httpbin.org/get",
    "args": {}
}
origin : "100.10.100.10"
host : "httpbin.org"
```

与示例14-4相比，示例14-8不仅输出了 `origin` 的内容，还有双重结构的 `headers` 项目。示例14-6使用 cJSON 获取单个项目 `origin` 的内容，还从双重结构的 `headers` 项目获取了 `Host` 的内容。下面逐行分析。

cJSON *json = cJSON_Parse((const char *)str);

为了使用 cJSON，首先调用 `cJSON_Parse()` 方法，将 `str` 中保存的内容转换为 cJSON 形式。

cJSON *data_origin = cJSON_GetObjectItem(json, "origin");

上述代码调用 `cJSON_GetObjectItem()` 方法，并以参数形式给出转换为 cJSON 后的对象，以及要获取的结果值对应的名称值，这样即可获取单一项目的值。

cJSON *data_header = cJSON_GetObjectItem(json, "headers");
cJSON *data_host = cJSON_GetObjectItem(data_header, "Host");

若想获取双重结构中的数据，先要调用 `GetObjectItem()` 方法把外层转换为 cJSON，然后从转换得到的 cJSON 中获取指定名称的值。

CCLOG("host : %s", cJSON_Print(data_host));

上述代码调用 `cJSON_Print()` 方法把 `data_host` 中保存的值输出为字符串。

14.3 显示网络图片

使用 Cocos2d-x 中的 CURL 库可以显示网络图片。本书只介绍通过网络显示并保存图片的方法。关于 CURL 库的详细说明及用法请参考官方页面（http://www.curl.haxx.se）。

示例 14-9　HelloWorldScene.h

```
#ifndef __HELLOWORLD_SCENE_H__
#define __HELLOWORLD_SCENE_H__

#include "cocos2d.h"

#if CC_PLATFORM_WIN32
#include <curl\include\win32\curl\curl.h>
#elif CC_PLATFORM_ANDROID
#include <curl\include\android\curl\curl.h>
#elif CC_PLATFORM_IOS
#include <curl\include\ios\curl\curl.h>
#endif

USING_NS_CC;

class HelloWorld : public Layer
{
public:

    static Scene* createScene();

    virtual bool init();
    CREATE_FUNC(HelloWorld);
};

#endif
```

为了通过网络显示图片，示例 14-9 引入了头文件。与前面的 HTTP 协议通信不同，使用时并不需要引入 network.h 头文件，也不需要添加 libNetwork 项目。但需要添加 CURL 库文件，且要根据不同平台添加不同目录下的 curl.h 头文件。

示例 14-10　curlCallback()方法

```
size_t curlCallback(void *contents, size_t size, size_t nmemb, void *userp)
{
    ((std::string*)userp)->append((char*)contents, size
        * nmemb);
    return size * nmemb;
}
```

示例14-10的回调方法接收通过CURL库显示到画面的图片数据。请注意，curlCallback()方法是局部方法，并未在头文件中声明，所以必须出现在init()方法之前。

示例14-11 init()方法

```cpp
bool HelloWorld::init()
{
    if ( !Layer::init() )
    {
        return false;
    }

    CURL *curl;
    std::string readBuffer;
    curl = curl_easy_init();

    if(curl) {
        curl_easy_setopt(curl, CURLOPT_URL, "http://cfile4.uf.tistory.com/
            image/21490B38523DC88223BD63");
        curl_easy_setopt(curl, CURLOPT_WRITEFUNCTION,
            curlCallback);
        curl_easy_setopt(curl, CURLOPT_WRITEDATA, &readBuffer);
        curl_easy_perform(curl);
        curl_easy_cleanup(curl);
    }

    Image* img = new Image();
    img->initWithImageData((unsigned char*)readBuffer.c_str(),
        readBuffer.length());

    Texture2D* texture = new Texture2D();
    texture->initWithImage(img);

    Sprite *spr = Sprite::createWithTexture(texture);
    spr->setPosition(Point(240, 160));
    this->addChild(spr);

    img->release();
    texture->release();

    return true;
}
```

示例14-11实现了显示网络图片的功能。下面逐行分析。

```
CURL *curl;
std::string readBuffer;
```

上述代码首先声明 CURL 对象与 readBuffer 变量，该变量保存经过网络通信接收的数据。

```
curl = curl_easy_init();
```

初始化 CURL 对象。

```
curl_easy_setopt(curl, CURLOPT_URL, "http://cfile4.uf.tistory.com/
image/21490B38523DC88223BD63");
```

对象被正确初始化后，设置图片所在地址。上述地址中是 Cocos2d-x 的 Logo 图片。

```
curl_easy_setopt(curl, CURLOPT_WRITEFUNCTION, curlCallback);
curl_easy_setopt(curl, CURLOPT_WRITEDATA, &readBuffer);
```

设置回调函数，以及保存从回调函数接收数据的位置。

```
curl_easy_perform(curl);
curl_easy_cleanup(curl);
```

执行设置好的 CURL 对象，然后从内存中删除。

使用上述方法可以获取网络图片。用获取的数据初始化 Image 对象后创建 Texture2D 对象，最后用 Texture2D 对象创建"精灵"并显示到画面。图 14-1 是示例 14-11 的运行结果。

图 14-1　显示网络图片

整个过程可以简单表述为：使用 CURL 接收网络图片，将其转换为"精灵"并显示到画面。

14.4　保存网络文件

本节把从网络接收的图片数据保存为文件，这样只要从网络下载 1 次图片即可，使用时直接从保存文件中加载图片。游戏中下载额外资源时采用的方法原理与此类似。头文件与显示网络图片中使用的示例14-9一样，但init()方法与curlCallback()方法略有不同。

示例14-12 curlCallback()方法

```
size_t curlCallback(void *ptr, size_t size, size_t nmemb, FILE *stream)
{
    size_t written = fwrite(ptr, size, nmemb, stream);
    return written;
}
```

示例14-12是回调方法的实现代码，将从网络接收的数据保存为文件。不同情形有多种回调方法的实现方法，详细内容请访问CURL官方页面。

示例14-13 init()方法

```
bool HelloWorld::init()
{
    if ( !Layer::init() )
    {
        return false;
    }

    CURL *curl;
    FILE *fp;

    std::string fullpath = FileUtils::getInstance()->
        getWritablePath();
    const std::string outFileName = fullpath + "logo.png";

    if (FileUtils::getInstance()->isFileExist(outFileName)) {

        Sprite *spr = Sprite::create(outFileName.c_str());
        spr->setPosition(Point(240,160));
        this->addChild(spr);
    }
    else {

        curl = curl_easy_init();

        if (curl) {

            fp = fopen(outFileName.c_str(),"wb+");

            curl_easy_setopt(curl, CURLOPT_URL, "http://cfile4.uf.
                tistory.com/image/21490B38523DC88223BD63");
            curl_easy_setopt(curl, CURLOPT_WRITEFUNCTION,
```

```
                curlCallback);
            curl_easy_setopt(curl, CURLOPT_WRITEDATA, fp);

            curl_easy_perform(curl);
            curl_easy_cleanup(curl);

            fclose(fp);
        }
    }

    return true;
}
```

示例 14-13 是从网络获取图片并保存为文件的实现代码。从网络接收的数据被保存为 FILE 对象，并以文件形式保存。通过 CURL 从网络获取数据的方法与 14.3 节基本一致，但保存文件时要先调用 FileUtils::getInstance()->getWritablePath() 方法获取保存位置。由于每个平台的保存位置不同，所以要使用 getWritablePath() 方法获取可写路径。调用 FileUtils::getInstance()->isFileExist() 方法检查指定路径下是否存在文件。刚开始运行时，由于文件不存在，所以仅保存网络图片文件，而不在画面中显示。程序再次运行时，之前保存的图片文件就会显示到画面，如图 14-1 所示。

14.5 小结

本章讲解了使用 HTTP 协议和 JSON 以实现客户端与服务器通信的方法，还学习了显示网络图片和保存网络图片文件的方法。第 15 章将学习如何把程序移植为 Android 项目，以及应对多种画面大小的方法。

第15章

Android 移植与画面大小调整

使用 Cocos2d-x 创建项目时，相应的 iOS、Android、win32、Mac、Linux 项目会同时创建。MAC 环境下，iOS 与 Mac 项目可以直接运行；而 Windows 下可以直接运行 win32 项目，但运行 Android 项目时要做一定调整。本章将把之前的源代码移植为 Android 项目，并学习应对多种设备画面大小的方法。

| 本章主要内容 |

- 搭建 Android 移植环境
- Android 编译与编译设置
- 运行 Android
- 在 Eclipse 中运行 Android
- 多种画面大小调整

15.1 搭建 Android 移植环境

我们无法把项目从 Windows 移植到 iOS 平台，但是可以把项目移植到 Android 平台。请注意，无法移植到 iOS 平台不是因为 Cocos2d-x 不支持，而是因为向 iOS 平台移植时，必须在 Mac 环境下进行。当然也可以先在 Windows 中使用 VMware 等虚拟机软件安装 Mac 操作系统，然后再移植，但这种迂回方案不在本书讨论范围之内。

15.1.1 搭建Android开发环境

把项目移植到 Android 平台前，首先要在所用系统下搭建 Android 开发环境，Android 开发环境与开发普通 Android 程序或游戏时搭建的开发环境一样。

1. 安装 Java SDK

可以从 Oracle 的 Java 下载页面（http://www.oracle.com/technetwork/java/javase/downloads/index.html）下载 Java SDK。Mac 默认安装 Java，所以无需另外安装。可以在图 15-1 所示的 Java 下载页面中下载 JDK、Server JRE、JRE，我们选择 JDK。

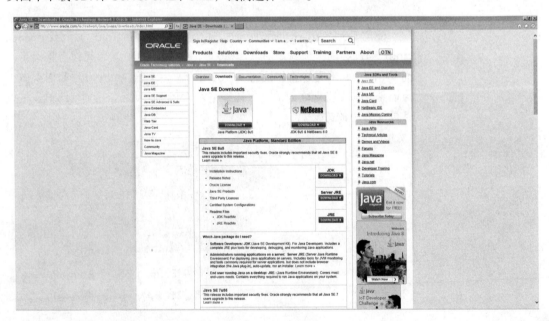

图 15-1 Java 下载页面

进入图 15-2 所示的 JDK 下载页面，页面根据不同操作系统列出不同 JDK 版本。如果是 Windows，则根据自己所用系统类型选择 Windows x86 与 Windows x64 之一下载即可。点选上面的 Accept License Agreement 项才能下载。下载完成后，根据提示逐步安装即可。Java 安装完成后，还要在 Windows 的环境变量中添加 JAVA_HOME 项。

首先在**开始**菜单中选择**控制面板**，然后选择**系统**，并在左侧列表中选择**高级系统设置**。

图 15-2　根据操作系统类型选择安装文件

单击**高级系统设置**，弹出**系统属性**对话框，如图 15-3 所示。单击对话框底部的**环境变量**按钮。

图 15-3　系统属性

单击**环境变量**按钮弹出对话框，如图 15-4 所示。单击**新建**按钮弹出对话框。

图 15-4　环境变量

如图 15-5 所示，输入变量名 JAVA_HOME，再输入 Java JDK 的安装路径。

图 15-5　新建系统变量

2. 安装 Android SDK

首先从 Android 开发者页面（http://developer.android.com/sdk/index.html）下载 Android SDK。如图 15-6 所示，在 Android 下载页面单击右侧 Download the SDK 按钮进行下载。下载时要选择同意许可证，并根据所用 Windows 类型选择 32 位或 64 位进行下载。

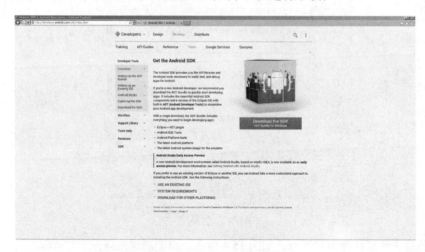

图 15-6　Android 下载页面

下载完成后解压，解压缩后的文件夹最好与 Cocos2d-x 位于相同目录。并且，后面设置 Cocos2d-x 环境时也要使用 Android SDK 目录，所以目录层次要尽量浅一些，如下所示。

- Windows：C:\adt
- Mac：/Users/injakaun/Documents/adt

以前搭建 Android 开发环境时，需要另外下载 Eclipse IDE 集成开发环境，而现在的 Android SDK 本身就包含 Eclipse 软件。首先运行 Android SDK 文件夹中的 Eclipse （C:\adt\eclipse\ eclipse.exe）。运行后画面显示 ADT （Android Developer Tools）的 Logo，如图 15-7 所示。

图 15-7　Eclipse 初始运行画面

显示 Logo 画面后，出现设置 Workspace 的画面，若非特殊需要，保持 Workspace 的默认设置路径即可。点选底部的 Use this the default and do not ask again 选项，取消再次弹出询问是否设置 Workspace 路径的对话框。初次运行时还会弹出其他对话框，询问是否将系统使用量的统计数据发送给 Google。在确认发送系统使用量统计的画面中选择相应选项，单击 Finish 按钮，显示 Java ADT 的初始画面，即 Android IDE 向导窗口。先关闭画面中显示的 Android IDE 窗口。这样就完成了 Eclipse 的初始设置。以后运行 Eclipse 时会直接显示 Java ADT 运行画面，如图 15-8 所示。为了设置 Android SDK，单击图 15-8 上方的**绿色 Android** 图标，以及箭头样式的 **Android SDK Manager** 按钮。

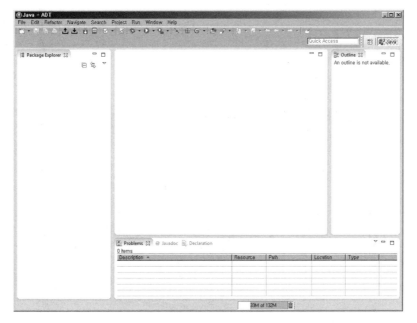

图 15-8　Java ADT 运行画面

单击 Android SDK Manager 按钮，弹出图 15-9 所示的 Android SDK Manager 界面，在列表中选择 Android 版本进行安装即可。由于 Cocos2d-x v3.0 支持 Android 2.3 以后的版本，所以不需要安装之前的版本。

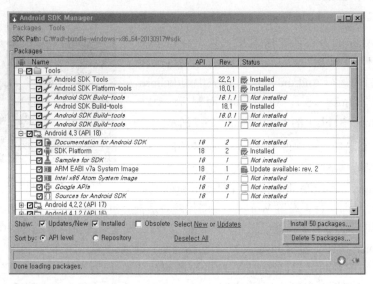

图 15-9　Android SDK Manager

选择 Android 版本之后，单击 Install 50 packages 按钮，弹出图 15-10 所示的选择安装包窗口。若想继续安装，需要分别同意各项的许可证。同意许可证之后，单击 Install 按钮安装。安装完成后，进入如图 15-9 所示的 Android SDK Manager 界面查看是否安装成功。这样就搭建好了 Android 开发环境。

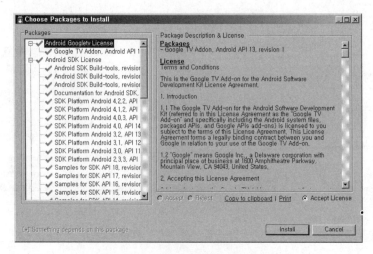

图 15-10　Choose Package to Install

15.1.2　安装NDK

进入 Android 开发者页面（http://developer.android.com/tools/sdk/ndk/index.html）下载 NDK。如图 15-11 所示，在 NDK 的下载页面中，根据所用操作系统选择相应 NDK 下载。

图 15-11　NDK 下载页面

NDK 下载完成后，不需要安装，只要把下载的文件解压缩即可。解压缩后会生成名为 NDK 的子文件夹，最好将其放在与 Cocos2d-x、Android SDK 相同的目录下。解压缩时要按如下路径进行，特别需要注意的是，解压缩时会同时生成相同名称的子文件夹。

- Windows：C:\android-ndk
- Mac：/Users/injakaun/Documents/android-ndk

15.1.3　安装ANT

为了同时对 Android SDK 与 NDK 进行编译，从 Cocos2d-x 3.0 开始需要另行安装 ANT（ANT 页面：http://ant.apache.org/bindownload.cgi）。如图 15-12 所示，在 ANT 下载页面中下载最新版本的 ANT，ANT 不受操作系统印象，仅根据压缩格式分类。通常下载 zip 格式的压缩文件即可。

解压缩 ANT 文件，将它移动到如下目录。

- Windows：C:\apache-ant
- Mac：/Users/injakaun/Documents/apache-ant

第 15 章　Android 移植与画面大小调整

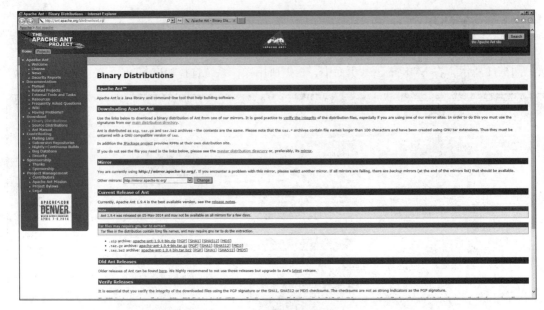

图 15-12　ANT 下载页面

15.1.4　设置 Cocos2d-x 环境

下面运行 Cocos2d-x 主文件夹中的 setup.py 文件以设置环境。运行命令行提示符或终端，进入 Cocos2d-x 主文件夹，输入如下命令进行环境设置。

python setup.py

图 15-13　setup.py 运行画面

运行 setup.py 文件,首先添加默认的 Cocos Control 根路径,然后输入 NDK 路径、Android SDK 路径、ADT 路径即可。输入 Android SDK 路径时,将位于 adt 文件夹的 sdk 文件夹也一起输入;输入 ANT 路径时,将位于 apache-ant 文件夹的 bin 文件夹也一起输入。

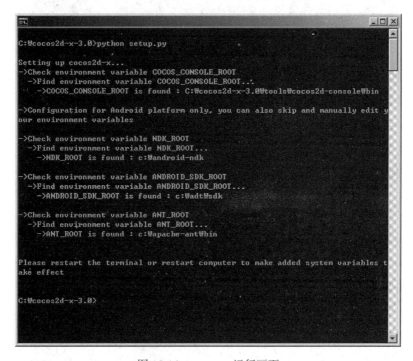

图 15-14　setup.py 运行画面

图 15-14 是完成所有输入后的画面。所有输入完成后,若在 Windows 系统下,则要重启电脑使环境设置生效;若在 Mac 下,则运行如下文件使环境设置生效。

source/Users/injakaun/.bash_profile

15.2　Android 编译

进行 Android 编译之前,首先要创建新项目。由于 Cocos2d-x 环境设置中已经添加了 Cocos Control 根目录,所以直接在想要创建项目的目录中运行 cocos 配置文件即可。像这样创建好新项目后,运行命令行提示符或终端,进入 proj.android 目录。输入如下命令进行 Android 编译。

cocos compile test –p android

编译时也要使用创建项目时用到的 cocos 配置文件,为了进行编译,先输入 compile,再输入项目名称,然后通过-p 选项输入平台类型。运行 Android 编译将显示如图 15-15 所示的输出结果。初次编译时,由于需要编译所有库,所以会花费很长时间。但是,此后将只针对修改的文件进行编译，所以不会花费太多时间。

图 15-15　Anroid 编译输出画面

编译成功后显示如图 15-16 所示画面，并且创建 bin 子文件夹，同时生成经过编译的 apk 文件。

图 15-16　成功编译 Anroid 画面

15.3　Android 编译设置

从 Android 编译输出画面可以看到，也同时编译了 AppDelegate.cpp 与 HelloWorldScene.cpp 文件。将编译的文件列表添加到下列目录的 make 文件。

test\proj.android\jni\Android.mk

示例 15-1　Android.mk

```
LOCAL_PATH := $(call my-dir)

include $(CLEAR_VARS)

LOCAL_MODULE := cocos2dcpp_shared

LOCAL_MODULE_FILENAME := libcocos2dcpp

LOCAL_SRC_FILES := hellocpp/main.cpp \
                   ../../Classes/AppDelegate.cpp \
                   ../../Classes/HelloWorldScene.cpp

LOCAL_C_INCLUDES := $(LOCAL_PATH)/../../Classes

LOCAL_WHOLE_STATIC_LIBRARIES := cocos2dx_static
LOCAL_WHOLE_STATIC_LIBRARIES += cocosdenshion_static
LOCAL_WHOLE_STATIC_LIBRARIES += box2d_static

include $(BUILD_SHARED_LIBRARY)

$(call import-module,2d)
$(call import-module,audio/android)
$(call import-module,Box2D)
```

示例 15-1 是默认生成的 Android.mk 文件内容。制作游戏过程中，添加新 cpp 文件时，将新文件的路径及名称添加到 LOCAL_SRC_FILES 项目即可。此外，添加 h 文件路径时，只要把添加的头文件路径输入 LOCAL_C_INCLUDES 项目即可。若需要添加库文件，则只需将其添加到 LOCAL_WHOLE_STATIC_LIBRARIES 项目，然后相关模块即被添加。

示例 15-2　修改后的 Android.mk

```
LOCAL_PATH := $(call my-dir)

include $(CLEAR_VARS)

LOCAL_MODULE := cocos2dcpp_shared

LOCAL_MODULE_FILENAME := libcocos2dcpp

LOCAL_SRC_FILES := hellocpp/main.cpp \
                   ../../Classes/AppDelegate.cpp \
                   ../../Classes/HelloWorldScene.cpp
```

```
LOCAL_C_INCLUDES := $(LOCAL_PATH)/../../Classes

LOCAL_WHOLE_STATIC_LIBRARIES := cocos2dx_static
LOCAL_WHOLE_STATIC_LIBRARIES += cocosdenshion_static
LOCAL_WHOLE_STATIC_LIBRARIES += cocos_network_static
LOCAL_WHOLE_STATIC_LIBRARIES += cocos_extension_static

include $(BUILD_SHARED_LIBRARY)

$(call import-module,2d)
$(call import-module,audio/android)
$(call import-module,network)
$(call import-module,extensions)
```

从示例 15-2 可以看到，文件中删除了不使用的 `box2d_static` 库与相关模块，添加了实现 GUI 所需的 `cocos_extension_static` 库，以及实现网络所需的 `cocos_network_static` 库。使用滚动视图或编辑框等包含于 `Extension` 的类时，一定要添加 `cocos_extension_static` 库；而使用网络相关类时，一定要添加 `cocos_network_static` 库。若项目中不使用音频相关类，则可以把 `cocosdenshion_static` 库删除。接下来在 Android 终端运行项目。

15.4　运行 Android 项目

运行 Android 项目时，使用 win32 或 iOS 中的模拟器会相当耗时，且不方便，所以通常直接在终端运行。而要想在终端正常运行，需要先安装终端驱动程序。首先把终端用线缆连接到 PC，然后输入如下命令。

cocos run test –p android

运行 Android 时，画面输出如图 15-17 所示，同时游戏自动开始在终端上运行。若存在包名称相同的设置文件，则先删除已有文件，重新安装后运行。

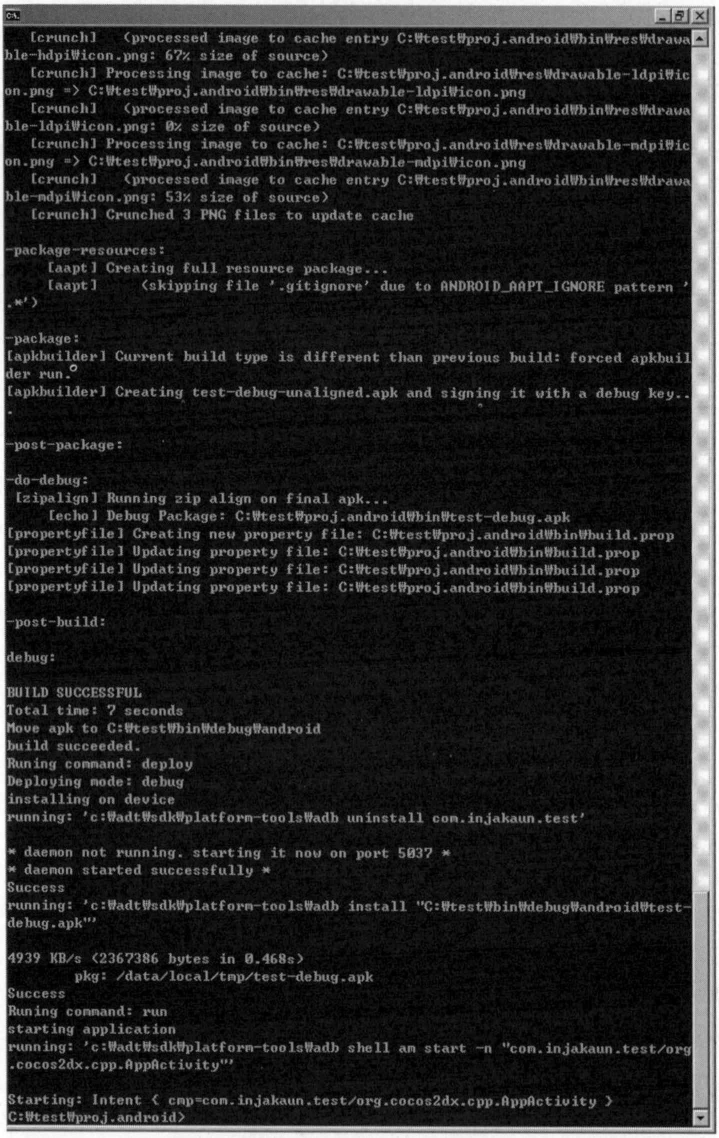

```
   [crunch]   (processed image to cache entry C:\test\proj.android\bin\res\drawa
ble-hdpi\icon.png: 67% size of source)
   [crunch] Processing image to cache: C:\test\proj.android\res\drawable-ldpi\ic
on.png => C:\test\proj.android\bin\res\drawable-ldpi\icon.png
   [crunch]   (processed image to cache entry C:\test\proj.android\bin\res\drawa
ble-ldpi\icon.png: 0% size of source)
   [crunch] Processing image to cache: C:\test\proj.android\res\drawable-mdpi\ic
on.png => C:\test\proj.android\bin\res\drawable-mdpi\icon.png
   [crunch]   (processed image to cache entry C:\test\proj.android\bin\res\drawa
ble-mdpi\icon.png: 53% size of source)
   [crunch] Crunched 3 PNG files to update cache

-package-resources:
     [aapt] Creating full resource package...
     [aapt]     (skipping file '.gitignore' due to ANDROID_AAPT_IGNORE pattern '
.*')

-package:
[apkbuilder] Current build type is different than previous build: forced apkbuil
der run.
[apkbuilder] Creating test-debug-unaligned.apk and signing it with a debug key..
.

-post-package:

-do-debug:
 [zipalign] Running zip align on final apk...
     [echo] Debug Package: C:\test\proj.android\bin\test-debug.apk
[propertyfile] Creating new property file: C:\test\proj.android\bin\build.prop
[propertyfile] Updating property file: C:\test\proj.android\bin\build.prop
[propertyfile] Updating property file: C:\test\proj.android\bin\build.prop
[propertyfile] Updating property file: C:\test\proj.android\bin\build.prop

-post-build:

debug:

BUILD SUCCESSFUL
Total time: 7 seconds
Move apk to C:\test\bin\debug\android
build succeeded.
Runing command: deploy
Deploying mode: debug
installing on device
running: 'c:\adt\sdk\platform-tools\adb uninstall com.injakaun.test'

* daemon not running. starting it now on port 5037 *
* daemon started successfully *
Success
running: 'c:\adt\sdk\platform-tools\adb install "C:\test\bin\debug\android\test-
debug.apk"'

4939 KB/s (2367386 bytes in 0.468s)
        pkg: /data/local/tmp/test-debug.apk
Success
Runing command: run
starting application
running: 'c:\adt\sdk\platform-tools\adb shell am start -n "com.injakaun.test/org
.cocos2dx.cpp.AppActivity"'

Starting: Intent { cmp=com.injakaun.test/org.cocos2dx.cpp.AppActivity }
C:\test\proj.android>
```

图 15-17　Android 运行输出画面

图 15-18 是项目在 Android 终端上运行的画面。

图 15-18　Android 终端运行画面

15.5　在 Eclipse 中运行

在命令行提示符或终端运行 Android 时，无法查看编写游戏时添加的日志值。要查看日志值或修改 Android 设置，需要先在 Eclipse 中创建项目，然后再运行。首先运行 Eclipse，在菜单栏中依次选择 File-Import，弹出 Import 对话框，如图 15-19 所示，选择已经编好的代码创建 Android 项目。

图 15-19　Import 对话框

如图 15-20 所示，选择 Android 项目路径，显示已经创建好的项目。单击 Finish 按钮完成项目创建。

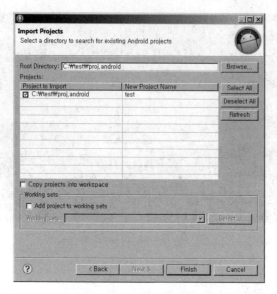

图 15-20　Import Projects

为了在 Eclipse 中运行项目，除了 Android 项目外，还要添加 Cocos2d-x 库项目。使用前面的方法选择如下项目路径，将其导入 Eclipse。

test\cocos2d\cocos\2d\platform\android\java

如图 15-21 所示，单击 Finish 按钮添加 Cocos2d-x 库项目（libcocos2dx）。

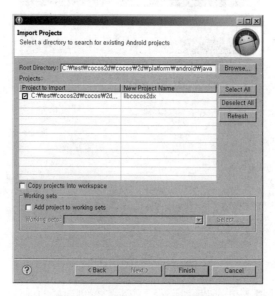

图 15-21　添加 cocos2d-x 库项目

项目添加完成后，可以在 Eclipse 中看到 2 个项目，如图 15-22 所示。像这样添加好项目后，在左侧的 Package Explorer 中选择 test 项目，然后单击 Run 按钮（工具栏中间的三角形图标），使 Cocos2d-x 项目在 Android 终端上运行。请注意，若未做相应设置，则无法在 Eclipse 中进行 NDK 编译。因此，运行项目之前应该先在 Cocos 控制台中编译。运行项目后，将显示如图 15-18 所示的输出画面。

图 15-22　LogCat 输出画面

此外，可以在 LogCat 输出画面中查看编写游戏时设置的日志值。运行画面与图 15-18 相同的原因在于，默认提供的 HelloWorld 项目的大小为 480×320，而实际 Android 终端的画面大小为 1280×720，所以如图 15-18 所示。项目大小与运行终端的画面大小不一致时，要使项目大小能够与运行终端的画面大小匹配。接下来学习使项目应对多种画面大小的方法。

15.6　应对多种画面大小

开发游戏时，通常先固定画面大小再开发。但对于 Android 终端而言，由于各终端的画面大小均不相同，所以确定游戏画面大小就成为难题。为解决该问题，Cocos2d-x 提供了一些方法以获取终端的画面大小，并对游戏画面进行放大或缩小操作，使之适应终端画面的大小。在 AppDelegate.cpp 中实现这些方法即可。

示例 15-3　applicationDidFinishLaunching()

```
bool AppDelegate::applicationDidFinishLaunching() {
    auto director = Director::getInstance();
    auto glview = director->getOpenGLView();
```

```
if(!glview) {
    glview = GLView::create("My Game");
    director->setOpenGLView(glview);
}

glview->setDesignResolutionSize(480, 320,
    ResolutionPolicy::EXACT_FIT);

director->setDisplayStats(true);

director->setAnimationInterval(1.0 / 60);

auto scene = HelloWorld::createScene();

director->runWithScene(scene);

return true;
}
```

如示例 15-3 所示，在 AppDelegate.cpp 文件的 applicationDidFinishLaunching()方法中调用 setDesignResolutionSize()方法设置分辨率大小，从而固定画面大小。

setDesignResolutionSize(float width, float height, ResolutionPolicy resolutionPolicy)

- width：设计分辨率宽度。
- height：设计分辨率高度。
- ResolutionPolicy：分辨率规则。

像这样输入固定的分辨率宽度与高度并选择分辨率规则后，在 Cocos 控制台中运行，画面就会按固定大小显示。图 15-23 是示例 15-3 在 Android 终端的运行画面。

图 15-23　按固定大小显示画面

由于画面大小固定为 480×320，所以即便终端的分辨率为 1280×720，画面仍然按照 480×320 的固定大小显示。由于分辨率规则设置为 EXAT_FIT，所以画面会按照固定大小显示，而不会考虑终端画面宽高比例。分辨率规则共有如下 5 种。

- EXACT_FIT：不考虑画面宽高比例，按固定大小显示画面。
- NO_BORDER：考虑画面宽高比例，对游戏画面进行放大或缩小。根据画面宽高比例不同，有时会不显示到画面。
- SHOW_ALL：考虑画面宽高比例，对游戏画面进行放大或缩小，但不会超出画面之外。这保持了游戏画面的宽高比，也显示了全部内容，但画面的左右或上下两侧会留下无法使用的黑边。
- FIXED_WIDTH：固定游戏画面宽度，根据画面宽高比例动态处理高度。常用于制作纵版游戏。
- FIXED_HEIGHT：固定游戏画面高度，根据画面宽高比例动态处理宽度。常用于制作横版游戏。

在上述 5 种分辨率规则中选用 EXACT_FIT、NO_BORDER、SHOW_ALL 时，不需要根据大小进行额外调整。但采用 EXACT_FIT 规则时，游戏画面的宽高比例可能被拉伸改变，不适用于游戏。采用 NO_BORDER、SHOW_ALL 规则时，会使游戏画面不可见，或画面两侧会出现黑边，所以游戏制作中也不常用。游戏制作中经常采用 FIXED_WIDTH、FIX_HEIGHT 规则，使用时，动态适配的边会随画面宽高比例变化，制作游戏过程中应该充分考虑这一点。比如要制作大小为 480×320 的游戏，采用 FIXED_HEIGHT 分辨率规则。那么在 iPhone 5 中运行时，游戏画面大小将为 568×320。把背景图片制作为 480×320 时，游戏背景将无法填满整个游戏画面。因此，采用 FIXED_WIDTH、FIX_HEIGHT 分辨率规则时应该充分考虑这些情况，正确设置游戏背景与位置等。

15.7 小结

本章讲解了将 Windows 与 Mac 环境下开发的项目移植到 Android 平台的方法。初次移植时可能感觉有些复杂，但设置后再移植就会变得很轻松。此外还学习了对多种画面大小进行适配的方法。第 16 章将介绍如何将制作好的游戏发布到游戏市场。

第 16 章 发 布

现在的智能手机游戏主要发布在 Google Play Store 和 AppStore 上，韩国国内还有移动通信公司开设的 T-Store、Olleh Market、U+ Store，以及 Naver 的 N Store 等。韩国国内市场指导规则相对比较健全，由于均为 Android 市场，只要学会如何向 Google Play Store 发布游戏，也就学会了向其他 Android 市场发布的方法。本章只学习将游戏发布到 Google Play Store 与 AppStore 的方法，之后各位就可以把自己的游戏发布到全世界。

| 本章主要内容 |

- 发布到 Google Play Store
- 发布到 AppStore

16.1　发布到 Google Play Store

要想把游戏发布到 Google Play Store，需要使用开发者账号登录，首先创建 Google ID。

16.1.1　创建Google ID

如图 16-1 所示，在 Google 会员注册页面（https://accounts.google.com/SignUp）注册为会员。若已经拥有 Google ID，则不需要重新注册。

图 16-1　注册 Google 会员

16.1.2　注册Play Store开发者账号

加入 Google 会员后，在 Play Store 开发者账号注册页面（https://play.google.com/apps/publish/signup）使用 Google ID 登录。登录后进入开发者分发者协议同意页面，如图 16-2 所示。若想以开发者账号注册，需要支付 25 美元注册手续费，必须使用国际信用卡进行国外结算。注册手续费只需在第一次注册时交纳。选择**同意遵守开发者分发协约**，单击**继续付款**。

单击**继续付款**后弹出页面，要求用户输入信用卡等结算信息，如图 16-3 所示。输入相关信息后，单击**接受并继续**。

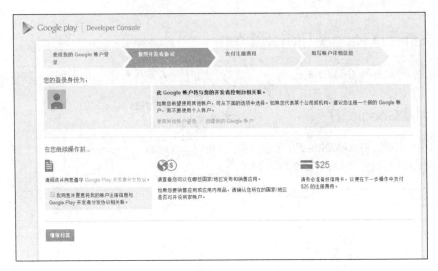

图 16-2　同意遵守开发者分发协议

图 16-3　设置 Google 电子钱包

单击接受并继续弹出新页面，要求输入账号细节信息。输入开发者姓名、邮件地址、电话号码、接收邮件等信息后，单击保存按钮完成注册。

16.1.3　导出应用程序包

为了在 Play Store 中发布程序，需要先把程序导出为应用程序包。对于 AppStore，需要进行 iOS 编译；而对于其他市场，只需要进行 Android 编译即可。首先参考第 15 章相关内容，把 iOS

或 win32 平台下开发的程序移植部署到 Android 平台，然后再运行 ADT 中的 Eclipse。运行 Eclipse 后，在左侧的包浏览器窗口中选择要发布的项目，单击鼠标**右键**，在弹出菜单中依次选择 Android Tool-Export Signed Application Package，如图 16-4 所示。

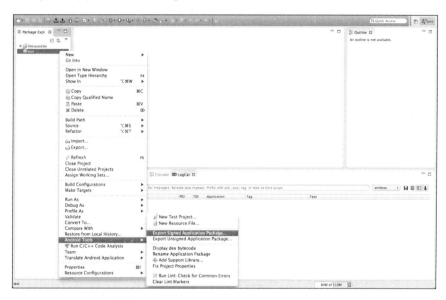

图 16-4　Export Signed Application Package

若无异常，则弹出图 16-5 所示窗口，单击 Next 按钮。

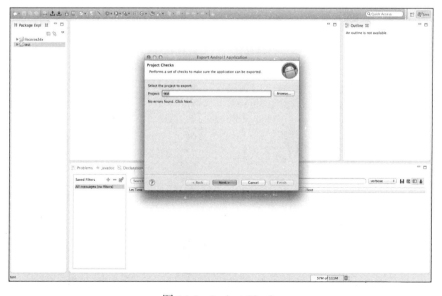

图 16-5　Project Checks

弹出窗口要求选择 Keystore，如图 16-6 所示，输入 Location（保存位置）与 Password（密码），然后单击 Next 按钮生成新的 Keystore。

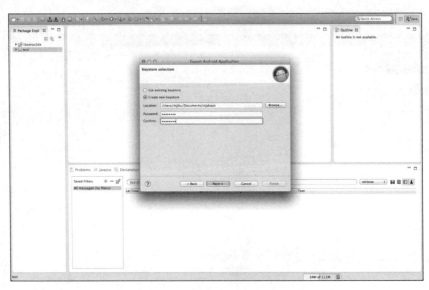

图 16-6　Keystore selection

弹出生成 Key 所需信息窗口，如图 16-7 所示，输入 Alias（别名）并再次输入 Password（密码），然后在 Validity 中输入有效时间。在下面的额外信息中输入 1 个信息即可，选择最容易输入的名字进行输入。像这样完成全部输入后，单击 Next 按钮。

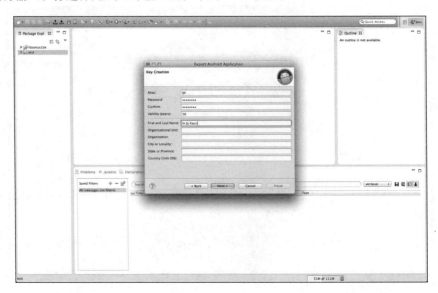

图 16-7　Key Creation

如图 16-8 所示，设置好经过 Keystore 认证的 apk 文件名称及要保存的路径后，单击 Finish 按钮，完成带数字签名的应用程序包创建工作。带数字签名的应用程序包被保存到指定路径后，再将其上传到 Play Store 即可完成应用程序发布工作。

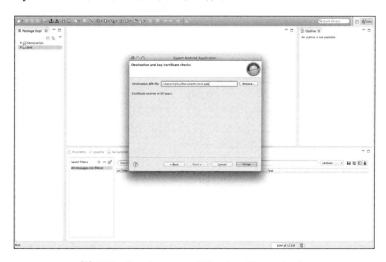

图 16-8　Destination and Key/certificate checks

16.1.4　发布到 Play Store

将应用程序发布到 Play Store 之前，首先使用开发者账号登录 Play Store 开发者控制台（https://play.google.com/apps/publish）。如图 16-9 所示，在开发者控制台页面中单击上方的**添加新应用程序按钮**。

图 16-9　开发者控制台页面

如图 16-10 所示，在添加新应用程序窗口中输入应用程序**标题**，单击**上传 APK** 按钮。

图 16-10　添加新应用

如图 16-11 所示，出现上传 APK 画面，单击中间的**上传产品第一个 APK** 按钮，选择要上传的 apk 文件。如果是付费应用或为应用内结算，或要使用 APK 扩展文件时，要单击**获取许可证秘钥**按钮获取新许可证秘钥。上传测试程序时，可以在上方选项卡中选择 Beta 测试或 Alpha 测试，然后上传 apk 文件即可。

图 16-11　上传 APK

16.1 发布到 Google Play Store 313

应用程序上传完成后，显示图 16-12 所示画面。在左侧 APK 菜单下选择 Store 目录菜单。

图 16-12　APK 上传完成

如图 16-13 所示，显示 Store 目录，在必填栏中输入相关信息。首先输入应用程序说明，在图片项目中上传 2 张以上画面截图，还要上传高分辨率程序图标。在**类别**中选择应用程序类型，也要选择内容等级。在**个人信息保护政策**中输入个人信息方针相关链接，或者点选**不提交个人信息方针 URL** 项目。像这样完成输入后，单击顶部**保存**按钮，然后在左侧菜单中选择 Store 目录下的**价格与发布**项目。

图 16-13　Store 目录

出现价格与发布画面后,在发布方法中选择**付费**或**免费**,然后选择**发布对象国**,如图 16-14 所示。在下方的**同意项目**中选择**内容规则**、**美国输出法规项目**,单击上方保存按钮。若是程序内购买,则在左侧菜单中选择程序内购买项目,然后根据提示进行注册即可。详细内容请参考**程序内购买指导文档**(https://developer.android.com/google/play/ billing)。像这样完成所有项目的设置后,单击右上角的**临时保存**按钮**准备发布**。单击**准备发布**按钮选择**发布该应用**。

图 16-14　价格与发布

　　以上就是应用程序的注册全过程。几个小时后就能在 Play Store 中搜索到注册的应用程序。Play Store 审核相对宽松,只要正确上传 APK 文件并输入相关项目信息即可完成程序发布工作。程序发布成功后,可以在应用程序注册页面查看程序下载统计、用户评价、反馈等内容。

16.2　发布到 AppStore

　　要想把游戏发布到 AppStore,需要先拥有 Apple ID,申请开发者账号每年还要支付 99 美元,并且申请时也要经过一些确认步骤。

16.2.1　注册开发者程序

　　如图 16-15 所示,首先进入苹果公司开发者页面(https://developer.apple.com),页面底部的 Programs 有 6 种开发者项目类型,把开发的普通 iPhone 程序注册到 iOS Developer Program 即可。

图 16-15 苹果公司开发者页面

选择 iOS Developer Program,进入图 16-16 所示页面。从介绍中可以看到,要想发布开发者应用,首先要开发出来,再经过终端测试,最后才可以发布。加入开发者项目的成员每年要支付 99 美元,单击 Enroll Now 按钮开始注册开发者项目。

图 16-16 iOS Developer Program

单击 Enroll Now 按钮出现加入苹果公司开发者项目页面,如图 16-17 所示。单击页面底部的 Continue 按钮进入 Apple ID 注册页面。

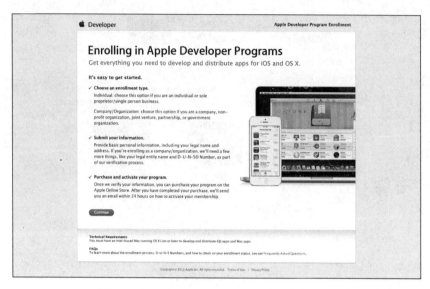

图 16-17　Enrolling in Apple Developer Program

加入苹果公司开发者项目前，需要先拥有 Apple ID。若已经拥有 Apple ID，那么单击 Sign in 按钮即可登录；若尚无 Apple ID，则单击 Create Apple ID 按钮创建新的 Apple ID。

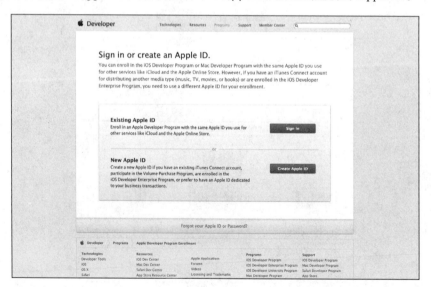

图 16-18　Sign in or create an Apple ID

单击 Create Apple ID 按钮后，进入创建 Apple ID 页面，如图 16-19 所示。虽然是英文页面，但并不难理解，根据各项要求输入相应信息即可。需要注意，输入的姓名必须与信用卡上的英文名一致。

图 16-19　My Apple ID

在图 16-18 所示页面单击 **Sign in** 按钮，进入图 16-20 所示页面，询问以个人身份还是公司身份加入。若选择以个人身份加入，则结算时使用本人信用卡即可；若以公司身份加入，则需要准备一些材料，比如 D-U-N-S Number。下面先以个人身份加入，单击 **Individual** 按钮进入登录页面，使用已经拥有的 Apple ID 或刚创建的 Apple ID 即可。登录成功后转到加入开发者项目协议页面，在个人信息与结算信息页面输入相应信息。输入信息时，只要根据各项要求选择或输入相应内容即可。需要注意，必须全部输入英文。

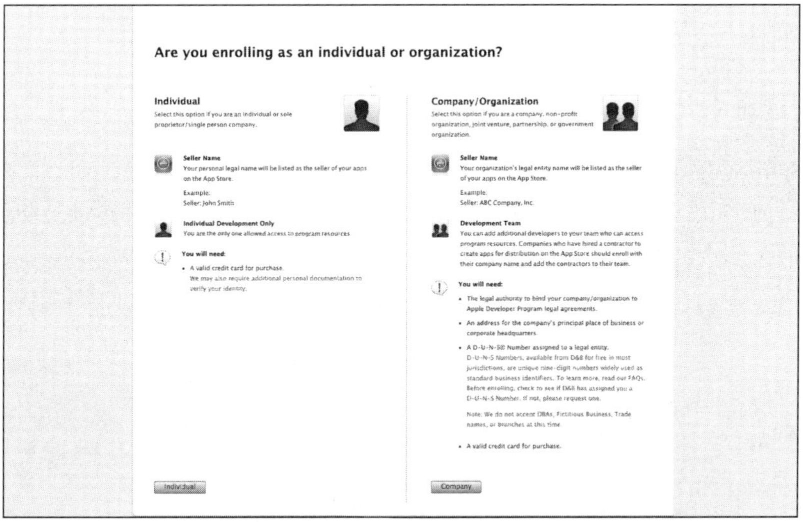

图 16-20　Are you enrolling as an individual or organization?

318 | 第 16 章 发布

个人信息与结算信息全部输入完成后,进入图 16-21 所示页面,在该页面中选择要添加的程序。初次添加程序时会出现 Select Your Program 页面,而不是图 16-21 所示的 Add Your Program 页面。选择 iOS Developer Program,单击 Continue 按钮,出现前面输入的个人信息与结算信息确认页面。随后出现同意许可与其他结算相关页面。结算完成后,苹果公司会通过邮件发送"Activation Code",单击并输入收到的激活码就完成了开发者注册。开发者注册时,要像前面所说的那样,使用的英文名要与信用卡上的英文名保持一致,而且个人信息、结算信息等所有内容都要采用英文输入。只要注意这些,就能顺利完成开发者注册过程。如果注册过程中出现问题,可以致电开发者客服中心(https://developer.apple.com/contact/phone)咨询。

图 16-21 Add Your Program

16.2.2 创建证书与 Provisioning Profiles

在 AppStore 中发布应用前,要先得到证书,然后在开发者页面进行注册。而要得到证书,就要使用 Mac。首先运行应用程序➤实用工具➤钥匙串访问,然后依次选择证书助理➤从证书颁发机构请求证书,如图 16-22 所示。

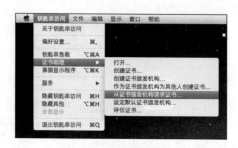

图 16-22 钥匙串访问

如图 16-23 所示，在证书信息输入窗口中输入**用户电子邮件地址**与**常用名**，CA 电子邮件地址可以不输入。在**请求项**中选择**保存到磁盘**，单击**继续**按钮。

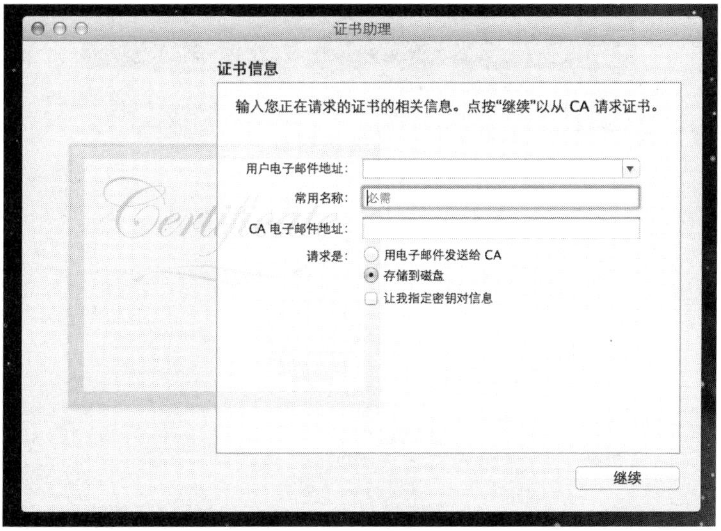

图 16-23　证书信息

如图 16-24 所示，弹出证书保存确认窗口，不做任何改动，直接单击**保存**，弹出窗口显示已经成功保存。接下来进入苹果公司 iOS 开发者页面（https://developer.apple.com/ios），使用注册开发者时所用的 Apple ID 登录，开始添加证书。

图 16-24　保存证书

使用注册开发者时所用的 Apple ID 登录后，出现图 16-25 所示页面。在页面右上角的 iOS Developer Program 菜单中单击 Certificates, Identifiers & Profiles 项。

图 16-25　iOSDev Center

在图 16-26 所示页面中单击 Certificates 项。

图 16-26　Certificates, Identifiers & Profiles

如图 16-27 所示，显示证书注册页面，单击页面右上角的+按钮。

16.2 发布到 AppStore 321

图 16-27 iOS Certificates

如图 16-28 所示，出现添加证书页面，选择 iOS App Development（终端测试时必备）与 App Store and Ad Hoc（向 AppStore 发布应用时必备），单击 Continue 按钮。另外，由于 2 个项目未同时选中，所以需要分别注册。

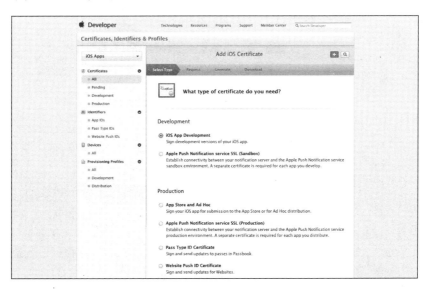

图 16-28 Add iOS Certificate

单击 Continue 按钮，出现"在钥匙串访问中生成 CSR 文件"的方法，如图 16-29 所示。由于前面已经生成了 CSR 文件，此时直接单击 Continue 即可。

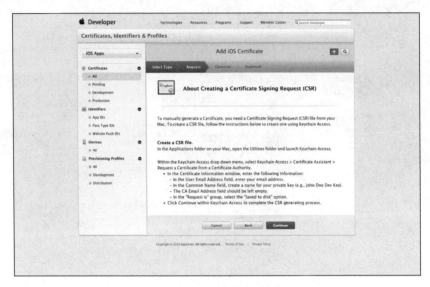

图 16-29　Add iOS Certificate

如图 16-30 所示，出现上传 CSR 文件页面，单击 Choose File 按钮，选择 Desktop 文件夹中保存的 CSR 文件（由钥匙串访问工具生成），单击 Generate 按钮。

图 16-30　Add iOS Certificate

单击 Generate 按钮后出现创建完成页面。单击 Download 按钮下载，双击下载后的文件，证书自动添加到钥匙串。然后单击 Add Another 按钮，采用相同方法创建 App Store and Ad Hoc 证书。像这样创建出证书后，在左侧菜单的 Identifiers 项中选择 App IDs，然后单击页面右上角的+按钮注册新 App ID。

图 16-31　Add iOS Certificate

单击右上角的+按钮后，出现 App ID 注册页面，如图 16-32 所示。在 Name 项中输入英文名，在 App ID Suffix 项中选择 Explicit App ID 项，输入 Bundle ID。注意，Bundle ID 要与 Xcode 中注册的名称保持一致。然后单击页面底部的 Continue 按钮。如果是 AppStore 中已经注册过的 ID，则会显示无法使用；若输入未重复的 ID，则可以看到 App ID 正常注册。

图 16-32　Register iOS App ID

页面左侧有 Devices 项，用于把 UDID 注册到要用的测试终端，终端测试仅对此处注册的终端可行。可以注册的终端机数量最多为 100，添加时一定要慎重。接下来创建 Provisioning Profiles，要使用刚刚创建的证书与 App ID。每个开发者只要创建 1 个证书即可，而 App ID 与 Provisioning Profiles 则应在每次创建 App 时都创建。在页面左侧菜单中选择 Provisioning Profiles，单击右上角的+按钮。

单击+按钮后，如图 16-33 所示，有 3 种 Provisioning Profiles 可选。iOS App Development 在 Xcode 中连接终端进行测试，App Store 用于向 AppStore 提交发布应用，Ad Hoc 用于发布前在注册的终端进行测试。先选择 App Store 项，单击 Continue 按钮，出现旋转 App ID 与证书页面，最后输入 Profile Name，这样 Provisioning Profiles 就创建完成。下载创建好的 Provisioning Profiles，将其拖动到 Dock 中的 Xcode 图标进行自动添加。

图 16-33　Add iOS Provisioning Profile

16.2.3　提交应用

生成发布文件并上传之前，首先要向 AppStore 提交应用。为了向 AppStore 提交应用，如图 16-25 所示，再次转到苹果公司 iOS 开发者页面（https://developer.apple.com/ios），在右侧的 iOS Developer Program 菜单中选择 iTunes Connect 项。可以在 iTunes Connect 中向 AppStore 提交要发布的新应用，也可以查看应用的下载统计及收益等情况。选择 iTunes Connect 项后，使用 Apple ID 再次登录，进入图 16-34 所示的 iTunes Connect 页面。为了提交新应用，单击列表右上角的 Manage Your Apps 项。

图 16-34　iTunes Connect

单击 Manage Your Apps 项，显示图 16-35 所示页面。为了提交新应用，单击左上角的 Add New App 按钮。

图 16-35　Manage Your Apps

单击 Add New App 按钮，显示图 16-36 所示页面，要求输入 App 相关信息。单击各个项目右侧的问号图标，可以查看相应项目的简单说明。

- Default Language：选择默认语言。
- App Name：输入应用名称。若输入名与已有应用名重复，则要求再次输入。
- SKU Number：输入 SKU 号（唯一识别码），一般与游戏版本一致。

- Bundle ID：从已经生成的应用 ID 中选择 Bundle ID。应用一经发布，其 Bundle ID 将无法修改。

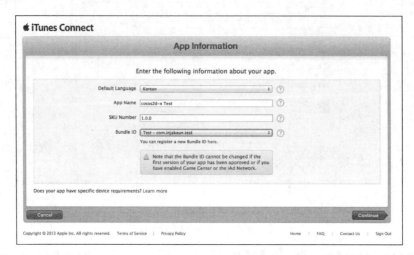

图 16-36　App Information

如图 16-36 所示，输入应用相关信息后，显示图 16-37 所示页面，选择应用的发布有效时间及价格。

- Availability Date：发布有效日期默认为当日。若输入日期早于审查结束日期，则审查结束后自动发布应用；若输入日期晚于审查结束日期，则在指定日期发布应用。但是，由于无法准确预测审查结束日期，一般输入当天日期。
- Price Tier：参考 View Pricing Matrix 选择合适价格。

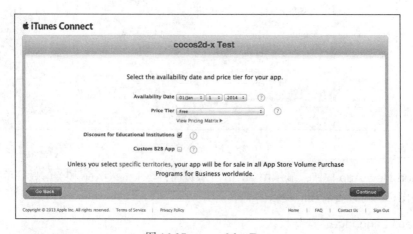

图 16-37　cocos2d-x Test

若面向教育机构给出折扣，或为 B2B 应用时，选择相应项目即可。若只想把应用发布到个别国家或地区，则单击 specific territories 项选择即可。

输入所有项后单击 Continue 按钮，显示详细信息输入页面，如图 16-38 所示。

- Version Number：输入版本号，请输入与 SKU Number 相同的号码，以便日后管理。
- Copyright：单击右侧问号图标，参考说明并输入版权内容。
- Category：依次选择应用所属类别。

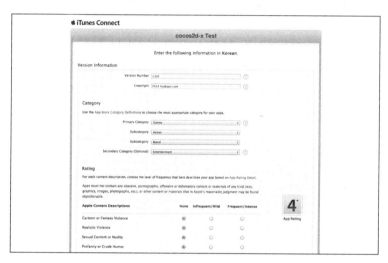

图 16-38　cocos2d-x Test

如图 16-39 所示，选择 Rate 项，它与 AppStore 中游戏的等级相关，开发者要选择该项。根据各项内容进行选择，游戏等级将自动确定。

图 16-39　cocos2d-x Test

接下来在图 16-40 所示页面输入 Metadata 及 Contract Information 相关内容。

- Description：输入应用描述。
- Keywords：输入关键字。
- Support URL：输入应用网址或开发者网址。
- Marketing URL、Privacy Police URL：输入销售网址、个人信息保护政策网址。
- First Name、Last Name：输入负责人姓名。
- Email Address、Phone Number：输入电子邮件地址与电话号码。
- Review Notes：输入审核备注内容，方便审核人员审核。
- Demo Account Information：输入测试账号相关内容，方便有关人员审核。

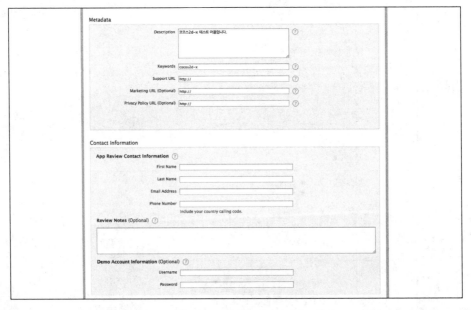

图 16-40　cocos2d-x Test

如图 16-41 所示，上传 EULA 相关内容以及应用的图标、截图等。单击相应项右侧的**问号**图标即可获知图片大小相关要求。可以上传多张应用截图，且可以指定截图顺序。所有图片上传完毕后，单击右下角 Save 按钮。若输入或选择有误，页面顶部会显示输入错误内容且无法保存。

图 16-41　cocos2d-x Test

单击 Save 按钮显示应用管理页面，如图 16-42 所示。单击左下角 View Details 按钮。

图 16-42　cocos2d-x Test

单击 View Details 按钮显示应用简要页面，可以查看之前输入的内容。通过 Xcode 上传应用即可完成所有发布工作。单击右上角 Ready to Upload Binary 按钮可以通过 Xcode 上传应用。

图 16-43　cocos2d-x Test（1.0.0）

单击 Ready to Upload Binary 按钮出现图 16-44 所示页面，询问是否选择加密算法。若非特殊情形，请选择 No，然后再次单击 Save 按钮。单击 Save 按钮后，出现上传二进制文件的方法说明页面。阅读说明后，单击 Continue 按钮返回图 16-43 所示页面，可以看到上方的 Status 项由 Prepare for Upload 变为 Waiting for Upload。接下来，只要在 Xcode 中创建应用发布包并上传即可。

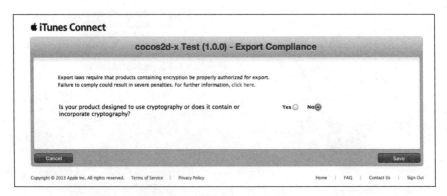

图 16-44　cocos2d-x Test（1.0.0）

16.2.4　上传应用发布包

首先在 Xcode 中打开要发布的项目，然后如图 16-45 所示，在项目设置中选择 info 项，审核 Bundle Name 与 Bundle Identifier 是否与开发者页面中注册的名称一致。若不同，修改为相同。

16.2 发布到 AppStore 331

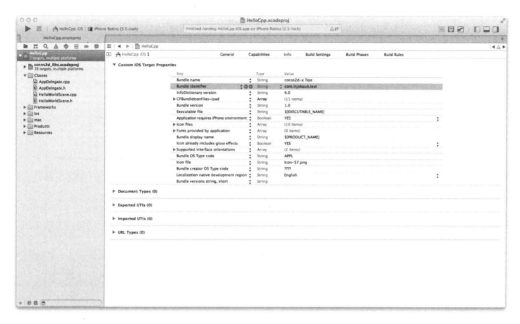

图 16-45　Bundle Name、Bundle Identifier

如图 16-46 所示，选择 Build Settings 项，在 Code Signing 项中选择证书，使 Code Signing Identity 的 iOS 项变为"用于发布"。

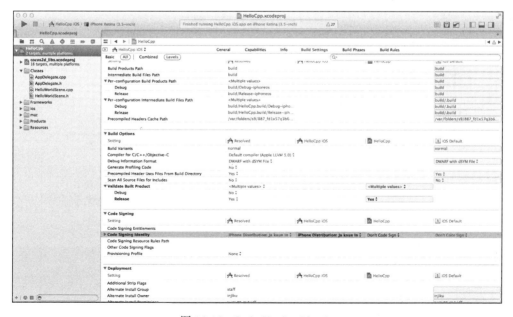

图 16-46　Code Signing Identity

第 16 章　发布

如图 16-46 所示进行修改后，单击左上角的 Scheme 选择按钮，把相应 Scheme 修改为 iOS，并选择运行环境 iOS Device。

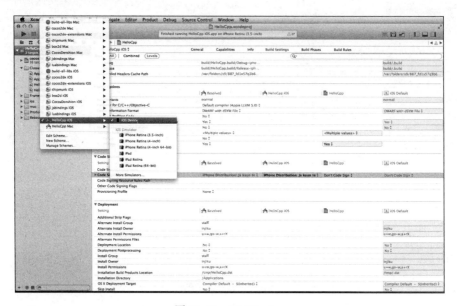

图 16-47　iOS Device

然后如图 16-48 所示，Product 菜单中的 Archive 项被激活。选择激活后的 Archive 项创建项目包。

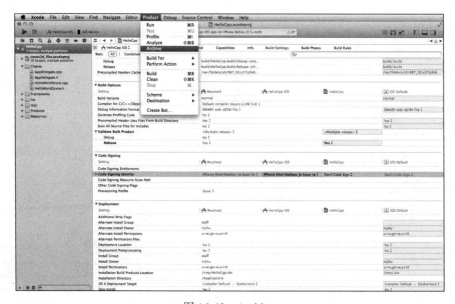

图 16-48　Archive

创建完成后，出现图16-49所示页面，单击右上角的Distribute按钮。

图16-49　Organizer-Archives

出现图16-50所示页面后，选择Submit to the iOS AppStore项，单击Next按钮。

图16-50　Select the method of distribution

如图16-51所示出现登录界面，输入开发者Username与Password登录。

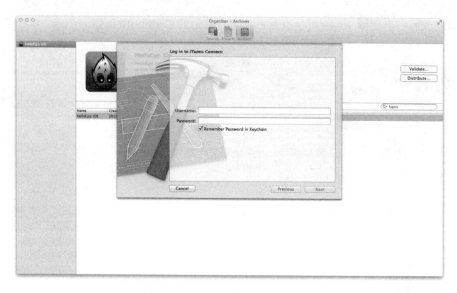

图 16-51　Log in to iTunes Connect

　　若用于发布的 Provisioning Profiles 文件未被添加到 Xcode，则弹出图 16-52 所示页面。在图 16-52 所示页面中，从 iOS 开发者页面（ https://developer.apple.com/ios ）下载用于发布的 Provisioning Profiles，然后把下载的文件拖向 Dock 中的 Xcode 图标进行添加。

图 16-52　Choose a profile to sign in

　　把用于发布的 Provisioning Profiles 添加到 Xcode 后，出现图 16-53 所示选择页面。选择刚刚添加的 Provisioning Profiles 并单击 Submit 按钮。单击 Submit 按钮后出现上传界面，若未出现特别错误,将显示上传成功;若出现错误,将显示错误内容。出现错误并解决后,要使用 Product 中的 Archive 菜单再次创建发布包。成功上传后关闭 Xcode 软件,再次进入 iOS 开发者页面(https://developer.apple.com/ios),单击 iOS Developer Program 的 iTunes Connect 项。

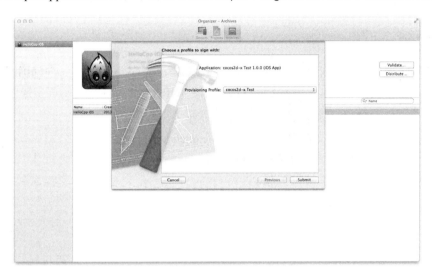

图 16-53　Choose a profile to Sign with

出现图 16-34 所示 iTunes Connect 页面后,再次单击 Manage Your Apps 项。单击 Manage Your Apps 项可看到之前添加的应用图标,单击图标可以查看相应应用的注册信息,如图 16-54 所示。在 Xcode 中正常上传应用发布包后,页面底部的 Status 将变为 Waiting For Review。

图 16-54　cocos2d-x Test

以上就是在 AppStore 中发布应用的全过程。经过一段时间后，若审核未发现问题，上传的应用就会自动发布到 AppStore；若审核发现问题，苹果公司会发送邮件对相关问题进行详细说明，可以根据说明进行相应修改并再次上传。

16.3 小结

本章讲解了把应用发布到 Google Play Store 与苹果公司 AppStore 的方法。向韩国国内 Android 市场发布应用的方法相对简单，请参考以下网站，进入相关页面后按照提示逐步操作即可。

- SKT T-Store 开发者中心：http://dev.tstore.co.kr
- KT Olleh Market 销售支持中心：http://seller.ollehmarket.com
- LGU+ U+Store 开发者中心：http://devpartner.lguplus.co.kr
- Naver Store 开发者中心：http://appdev.naver.com

索 引

A

Android SDK 290, 295

B

保存文件 284, 286
背景滚动 164, 168, 170
背景音乐 205, 211, 214
编辑框 256, 267, 268
变速动作 80, 81
标记 28, 29, 118
并列动作 76

C

Cocos2d-JS 5, 7
Cocos2d-x库 12, 15, 302
cocosDenshion 211
CocoStudio 5, 6, 7
菜单画面 122, 125, 130
触摸事件 107, 117, 141
创建障碍物 186

D

导弹 219, 232, 254
导弹增强 216, 234, 235
敌机 216, 232, 254
敌机爆炸 216, 245, 254
定时器 60, 151, 160
动画 7, 79, 160
多种画面大小 286, 303, 305
多重图像背景滚动 169

E

Eclipse 291, 301, 309

F

分数 201, 248, 250

G

滚动 165, 216, 299
滚动方向 218, 260
滚动视图 256, 260, 264

H

画面切换效果 100, 103, 105
绘图调用 172

I

ID 212, 213, 307

J

角色动画 176, 178, 180
角色跳跃 176, 181
九宫格 256, 263, 264

K

Keystore 310, 311
开始游戏 122, 138, 149

L

LayerColor::initWithColor 34
粒子 204, 243, 244
粒子效果 205, 215, 243

M

锚点 20, 179, 188
密码 267, 269, 270
命名空间 126, 211, 257

N

能量球 216, 225, 239
逆动作 77, 78, 80

P

Particle 2dx 210
Particle Designer 208, 210
Provisioning Profiles 318, 324, 334
碰撞检测 107, 243, 248

S

事件分发 109, 111, 113
输入标志类型 269
输入模式类型 269

数据保存 200, 204, 284
数据管理 190, 191, 215

W

瓦片图 153, 172, 219
无限循环动作 157, 160, 180

X

序列动作 75, 80, 90
循环动作 157

Y

延时动作 78
音频输出 205, 211
用于发布的Provisioning Profiles 334
游戏画面 95, 303, 305
运行Android 287, 299, 301

Z

占位符 267, 268, 269
证书 318, 324, 331
注册开发者项目 315
最高分 201, 250, 255
坐标系 20, 27, 58